PRÉCIS
DE PHYSIQUE

CONTENANT

LES MATIÈRES EXIGÉES POUR L'ADMISSION
A L'ÉCOLE POLYTECHNIQUE

PAR

M. PRIVAT DESCHANEL

PROFESSEUR DE PHYSIQUE AU LYCÉE LOUIS-LE-GRAND.

PARIS

DEZOBRY, E. MAGDELEINE ET Cie, LIBRAIRES

RUE DU CLOITRE SAINT-BENOIT, 10

(Quartier de la Sorbonne).

—

1855

PROGRAMME DE PHYSIQUE

DE LA CLASSE DE MATHÉMATIQUES SPÉCIALES

ARRÊTÉ PAR LE MINISTRE DE L'INSTRUCTION PUBLIQUE
LE 26 JANVIER 1853.

Propriétés générales des corps. — Hydrostatique. — Hydrodynamique.

PRÉLIMINAIRES.

But de la physique. — Phénomènes. — Lois physiques. Les expériences sont destinées à les faire ressortir des phénomènes. — Théories physiques. Caractère différent des méthodes expérimentales et des méthodes mathématiques.

PROPRIÉTÉS GÉNÉRALES DES CORPS.

Etendue. — Mesure des longueurs. — Mètre. — Vernier. — Cathétomètre. — Comparateur. — Vis micrométrique, sphéromètre. — Machine à diviser.

Divisibilité, porosité. — Idées généralement admises sur la constitution moléculaire des corps. — Ces conceptions purement hypothétiques ne doivent pas être confondues avec les lois physiques. — Élasticité.

Mobilité. — Inertie. — Forces. — Leur équilibre; leur action mécanique ; leur évaluation numérique.

PESANTEUR.

Direction de la pesanteur. — Fil à plomb. — Relation entre la direction de la pesanteur et la surface des eaux tranquilles.

Poids. — Centre de gravité.

Étude expérimentale du mouvement produit par la pesanteur. — Influence perturbatrice de l'air. — Plan incliné de Galilée. — Machine d'Atwood. Démontrer par l'expérience, 1° la loi des espaces parcourus ; 2° la loi des vitesses. — Appareil de M. Morin. Démonstration de la loi des espaces et des vitesses.

Loi de l'indépendance de l'effet produit par une force sur un corps, et du mouvement antérieurement acquis de ce corps. — Loi de l'indépendance des effets des forces qui agissent simultanément sur un même corps. — Démonstration expérimentale et généralisation de ces lois. — Loi de l'égalité de l'action et de la réaction.

Masse. — Accélération. — A égalité de masse, les forces sont entre elles comme les accélérations qu'elles produisent. — Relation entre une force, la masse du corps sur lequel elle agit, et l'accélération qui résulte de cette action. — Choc des corps.

Lois générales du mouvement uniformément varié. — Formules.

Pendule. — Loi de l'isochronisme des petites oscillations et loi des longueurs, déduites de l'observation. — Méthode des coïncidences. — Emploi du pendule pour la mesure du temps. — Pendule simple. — Formule. — Pendule composé. Les lois des oscillations d'un pendule composé sont identiques aux lois des oscillations d'un pendule simple dont le calcul détermine la longueur. — Détermination, au moyen du pendule, de l'accélération produite par la pesanteur. — Cette accélération est indépendante de la nature des corps.

Remarquer que les formules du mouvement oscillatoire s'appliquent à la comparaison des forces de toute nature qu'on peut regarder comme constantes et parallèles à elles-mêmes dans toutes les positions du corps oscillant.

Identité de la pesanteur et de l'attraction universelle.

Balance. — Conditions de son établissement. — Sensibilité. — Si le point de suspension du fléau et les points d'attache des plateaux étaient exactement en ligne droite, la sensibilité serait indépendante des poids qui chargeraient les plateaux. — Méthode des doubles pesées. — Détails des précautions nécessaires pour obtenir une pesée exacte.

Définition de la densité. — La densité est le rapport du poids d'un corps à son volume.

HYDROSTATIQUE ET HYDRODYNAMIQUE.

Distinction des divers états des corps.

Principe de Pascal : dans l'intérieur d'un liquide la pression exercée sur un élément de surface est normale à l'élément et indépendante de sa direction. — La démonstration de ce principe résulte de la vérification expérimentale de ses conséquences. — Principe d'égale transmission des pressions : si l'on exerce une pression sur une portion plane, égale à l'unité, de la surface d'un liquide, l'effort transmis sur une surface plane quelconque, prise à l'intérieur du liquide ou sur les parois, est égal à la pression exercée, multipliée par l'étendue de cette surface. — Vérification de ce principe au moyen de la presse hydraulique.

Application des principes précédents aux liquides pesants. — Direction de la surface libre. — Pressions intérieures; surfaces de niveau. — Pressions sur les parois, en particulier sur le fond des vases; paradoxe hydrostatique. — Appareil de Haldat; expériences diverses.

Principe d'Archimède. — Vérification expérimentale; démonstration théorique déduite des principes précédents. — Corps flottants (on ne considérera pas les conditions de stabilité de l'équilibre).

Liquides superposés.

Vases communiquants. — Niveau d'eau. — Niveau à bulle d'air; son usage dans les instruments.

Densité des solides et des liquides. — Balance hydrostatique. — Aréomètres.

Compressibilité des liquides. — Indiquer les appareils propres à la constater. — Faire comprendre la nécessité d'une correction due à la compressibilité de l'enveloppe solide.

Propriété commune aux liquides et aux gaz. — Principe de l'égalité de pression en tous sens. — Principe de l'égale transmission des pressions. — Pesanteur des gaz. — Pressions dues à la pesanteur. — Principe d'Archimède; poids des corps dans l'air et dans le vide; aérostats.

Liquides et gaz superposés. — Extension du princioc des vases communiquants. — Application au baromètre.

Construction détaillée du baromètre. — Baromètres de Fortin, de Gay-Lussac, de Bunten. — Indiquer la nécessité des corrections usitées.

Loi de Mariotte. — Expériences de M. Regnault.

Manomètre à air libre. — Manomètre à air comprimé. — Manomètre de M. Bourdon.

Loi du mélange des gaz.

Machine pneumatique. — Degré de vide. — Machine de compression.

Principe de Torricelli. — Siphon. — Vase de Mariotte. — Fontaine de Héron. — Fontaine intermittente.

CAPILLARITÉ.

Cohésion des liquides. — Adhérence des liquides aux solides. — Lois expérimentales des phénomènes capillaires.

Électricité statique.

Phénomènes généraux. — Distinction des corps conducteurs et des corps non conducteurs. — Distinction des deux espèces d'électricité. — Séparation des deux électricités par le frottement. — Hypothèse des fluides électriques.

Démonstration des lois de l'attraction et de la répulsion des fluides électriques. — Expériences de Coulomb.

Déperdition de l'électricité. — Influence de l'air. — Influence des supports isolants; de l'humidité condensée à la surface des supports.

Étude expérimentale de la distribution de l'électricité à la surface des corps. — Méthode du plan d'épreuve. — Propriété des pointes.

Électrisation par influence. — Cas où le corps soumis à l'influence est déjà électrisé. — Étincelles. — Pouvoir des pointes.

Électrisation par influence précédant le mouvement des corps légers. — Électroscopes.

Machines électriques de Van-Marum, de Nairn, d'Armstrong.

Condensateur à lame d'air. — Accumulation d'électricité sur la surface de cet appareil. — Bouteille de Leyde. — Batteries. — Décharges électriques. — Effets principaux.

Électroscope condensateur. — Electrophore.

ERRATA.

Pages. Lignes.

51, 7, *au lieu de* l'équation [a], *lisez* l'équation de la trajectoire.

54, 25, *au lieu de* dans le même sens, *lisez* en sens contraire. Dans la figure, la facette *cd* doit être aussi en sens contraire.

81, 4, *au lieu de* pz^2, *lisez* pr^2.

198, 16, *au lieu de* de A, *lisez* de B.

TABLE DES MATIÈRES

PARIS. — IMPRIMERIE DE J. CLAYE, RUE SAINT-BENOIT, 7

PRÉCIS
DE PHYSIQUE

NOTIONS PRÉLIMINAIRES

Objet de la physique. — Méthodes. — Loi physique. — Observation. — Expérience.
— Calcul. — Théories physiques.

1. La physique a pour objet l'étude des propriétés générales des corps. Sous l'influence d'agents naturels, de forces dont la nature intime nous est inconnue, la matière est dans une sorte de mouvement perpétuel, et se présente à nous sous des aspects qui se modifient de mille manières différentes. L'étude de ces manifestations diverses, des circonstances dans lesquelles elles se produisent, constitue particulièrement la physique. Toutefois, dans la physique proprement dite, on se borne aux effets, aux *phéno- mènes*, qui n'amènent pas, dans la nature des corps, de modification essentielle et permanente.

11. A ce point de vue la physique se distingue nettement de la chimie. Cette dernière science a en effet pour objet spécial l'étude des phénomènes dans lesquels le corps est profondément altéré dans sa nature intime, où la matière semble se détruire, ou du moins se métamorphoser. Qu'on prenne un morceau de soufre, qu'on le chauffe, il fondra; qu'on le frotte avec de la laine, il acquerra la propriété d'attirer les corps légers, et présentera les propriétés diverses et curieuses des corps électrisés; mais le soufre n'aura pas perdu son individualité, et lorsque les diverses influences auxquelles nous l'avons supposé soumis cesseront d'agir, il se retrouvera avec tous ses caractères primitifs. Le soufre a, dans ces circonstances, manifesté des *phénomènes physiques*. Qu'au

contraire on porte ce même corps dans l'intérieur d'un foyer, on le
verra *brûler* avec une flamme bleue ; au bout de peu de temps il
aura entièrement disparu, ou du moins se sera transformé en une
substance aériforme qui s'est dissipée avec les autres produits de
la combustion. Dans ce cas, le soufre proprement dit a cessé d'exister, il s'est produit un phénomène *chimique*.

III. Ces deux ordres de phénomènes sont produits souvent par
les mêmes causes, ils sont fréquemment aussi la conséquence
nécessaire l'un de l'autre. C'est ainsi qu'en chauffant un corps,
on le rend plus propre à éprouver des transformations chimiques ;
réciproquement, la conséquence de pareilles transformations est
souvent la production d'une grande quantité de chaleur. La physique et la chimie, quoique ayant des buts distincts, doivent donc
se prêter un mutuel appui : on n'aurait, par exemple, qu'une
idée bien insuffisante des propriétés des corps électrisés, si l'on
ignorait les phénomènes chimiques si curieux et souvent si utiles
qu'ils sont capables de produire.

IV. On ne s'occupe pas non plus, dans la physique proprement
dite, des phénomènes complexes que présentent les corps orga-
nisés, non plus que des lois qui régissent les mouvements des
astres ; c'est l'objet spécial de deux branches distinctes, qui sont
l'histoire naturelle et l'astronomie.

V. Même avec ces délimitations, le champ de la physique est
immense, et chaque jour s'augmente le nombre des faits observés, en même temps que se perfectionnent les théories destinées à
les expliquer.

VI. La méthode à laquelle la physique et les sciences naturelles
en général doivent les progrès si rapides qu'elles ont accomplis,
est la méthode d'observation et d'induction. En observant un certain nombre de faits, on peut saisir une circonstance générale de
leur production, qui porte le nom de *loi physique*. Quelquefois
cette loi apparaît d'elle-même, sans difficulté, par l'*observation*
seule ; telle est par exemple celle-ci, que tous les corps abandon-
nés à eux-mêmes tombent à la surface de la terre. Le plus souvent la loi est masquée par des causes perturbatrices dont il faut

éliminer, autant que possible, l'influence. C'est là l'objet de l'*expérience*. L'expérience diffère de l'observation en ce que le phénomène se produit sous des conditions déterminées et réglées à
l'avance par le physicien. Veut-on, par exemple, savoir quelle
est la vitesse que la pesanteur imprime aux différents corps; il ne
faut pas les faire tomber dans l'air, parce que ce fluide retarde, et
d'une manière inégale pour chacun d'eux, le mouvement. Il faut
faire une expérience dans le vide, et on arrive ainsi à cette loi,
que l'observation seule n'aurait pu faire découvrir : *la pesanteur
imprime à tous les corps la même vitesse.*

VII. Lorsque la loi des phénomènes observés est susceptible d'une
expression algébrique, le calcul intervient, comme un instrument
précieux, propre à en faire connaître toutes les conséquences. La
vérification expérimentale de ces conséquences est une confirmation de la loi physique, tandis que le désaccord avec l'expérience
en démontre formellement l'inexactitude.

VIII. A ce point de vue, les méthodes mathématiques sont un
auxiliaire puissant de la physique; mais il ne faut pas perdre de
vue que les déductions auxquelles elles donnent lieu étant fondées, non pas sur un principe rationnel, mais sur une loi expérimentale, ne sauraient avoir le caractère de certitude absolue
propre aux conclusions des sciences mathématiques pures. En définitive, c'est toujours à l'expérience qu'il faut en venir pour qu'un
fait physique soit établi. Cette remarque est d'autant plus importante que souvent, pour surmonter des difficultés de calcul, on
est obligé de faire des hypothèses dont l'exactitude est plus ou
moins contestable. Toutefois, lorsqu'une loi physique, soumise
au calcul, a donné lieu à un grand nombre de conséquences constamment vérifiées par l'observation ou l'expérience, on peut la
prendre pour point de départ d'une théorie mathématique des
phénomènes auxquels elle se rapporte.

IX. L'ensemble des lois physiques relatives à un certain ordre
de phénomènes, des expériences qui les établissent, des conséquences diverses qu'on peut en tirer, forme une théorie physique.
Ces théories sont plus ou moins étendues, suivant l'extension

même qu'on donne aux groupes de phénomènes que l'on considère. En donnant à ces groupes la plus grande étendue possible, les théories physiques sont en petit nombre, ce sont celles de la pesanteur, de l'attraction moléculaire, de la chaleur, de l'électricité et de la lumière ; mais chacune d'elles renferme un grand nombre de théories partielles.

CHAPITRE PREMIER

Description de quelques instruments de précision. — Vernier. — Comparateur. — Cathétomètre. — Vis micrométrique. — Sphéromètre. — Machine à diviser.

1. *Vernier.* Le vernier est employé, dans tous les appareils de précision, pour apprécier des fractions de l'unité de longueur qui ne sont point marquées directement sur l'échelle divisée ; ainsi avec une règle divisée en millimètres, une longueur sera exprimée par un certain nombre de ces unités, plus une fraction que l'œil ne peut mesurer que d'une manière incertaine : c'est à la détermination de cette fraction qu'on emploie le vernier. Soit AB (fig. 1) une longueur égale à 10 divisions de l'échelle ; appliquons

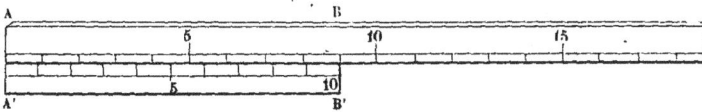

Fig. 1.

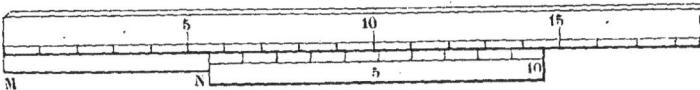

Fig. 2.

contre AB une petite règle A′B′, qu'on appelle *vernier*, égale à 9 des divisions précédentes et divisée en 10 parties égales ; il est clair que chacune des divisions du vernier ne vaut que les $\frac{9}{10}$ de

celles de la règle principale; par conséquent, si l'on fait exactement coïncider deux traits de chacune des règles, à partir de ce
point les traits successifs du vernier seront en retard de $\frac{1}{10}$, $\frac{2}{10}$,
$\frac{3}{10}$..... Considérons, d'après cela, une règle MN (fig. 2) dont
on veut mesurer la longueur, on l'applique contre une échelle
divisée et on trouve 5 unités plus une fraction. Pour évaluer cette
dernière, on fait glisser le vernier de façon que son zéro coïncide
avec l'extrémité de la règle, puis on cherche les traits des deux
divisions qui coïncident; si c'est, par exemple, au sixième trait
du vernier qu'a lieu la coïncidence, c'est que la fraction à évaluer
est égale à $\frac{6}{10}$. Pour évaluer des fractions plus petites, telles que
$\frac{1}{20}$, $\frac{1}{50}$, il faudrait donner au vernier une longueur égale à 19, 49
et la diviser en 20, 50 parties égales. Il faut remarquer toutefois
qu'on ne saurait obtenir ainsi une précision illimitée. En effet,
la coïncidence parfaite de deux traits ne se rencontre pas généralement, on se sert des deux pour lesquels elle est la plus près
d'être exacte : or, plus les divisions du vernier s'approchent de
celles de la règle, plus il est difficile d'apprécier les traits qui coïncident; on peut donc, dans cette lecture, faire une erreur qui
fasse plus que compenser la précision théorique de l'instrument. Il
faut, à cet égard, se tenir dans des limites que la pratique fait
connaître aux constructeurs.

On s'aide du reste, assez ordinairement, de loupes ou de
petits microscopes pour faire
la lecture avec plus d'exactitude. On applique aussi le vernier à la division circulaire,
comme l'indique la figure 3.

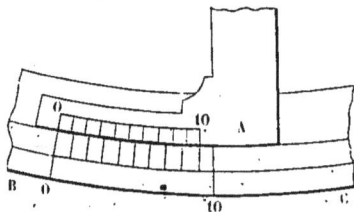

Fig. 3.

BC est le limbe gradué, A le vernier; si, par exemple, ce dernier
renferme 29 demi-degrés divisés en 30 parties égales, on appré-

ciera les 30es de demi-degré, c'est-à-dire les minutes. C'est ce qui a lieu dans les instruments d'arpentage; mais dans les appareils de géodésie ou d'astronomie, on pousse la précision beaucoup plus loin.

2. *Comparateur.* Le comparateur sert à comparer des longueurs très-peu différentes l'une de l'autre. Il se compose (fig. 4) d'une règle, portant à l'une de ses extrémités un talon fixe, contre lequel doit être appuyé un des bouts de la règle à mesurer; l'autre bout s'appuie contre l'une des branches *m* d'un levier coudé dont l'autre branche *e* a une longueur 10 fois plus considérable. Afin de pouvoir expérimenter sur des longueurs différentes, le levier *me* est fixé sur un châssis qui enveloppe la règle et peut être arrêté en différents points. L'extrémité parcourt un petit arc divisé en cinquièmes de millimètres, et porte un vernier qui permet d'apprécier le 10e de cette quantité. Pour comparer la longueur de deux règles, on place d'abord la première de façon que le zéro du vernier soit à peu près au milieu de la division; on dispose ensuite la seconde et on observe la position du vernier; si l'arc parcouru par le zéro est de $\frac{3}{50}$ de millimètres, par exemple, comme le mouvement est décuplé par le levier, il en résulte que la différence des deux règles est de $\frac{6}{1000}$ de millimètres. Un ressort *r*, qui s'appuie sur *e*, assure le contact de la règle et du talon fixe.

3. *Cathétomètre.* Le cathétomètre sert à mesurer des différences de hauteur. Il se compose essentiellement d'une règle verticale graduée, le long de laquelle se meut une lunette horizontale munie d'un collimateur. Si on vise successivement deux points situés à des hauteurs différentes, la distance verticale qui les sépare sera mesurée par la portion

Fig. 4.

de l'échelle comprise entre les deux positions de la lunette. Pour qu'un pareil instrument puisse donner de bons résultats, il faut évidemment que la règle divisée soit disposée de façon à n'éprouver que des flexions absolument insensibles; il faut en outre pouvoir, dans chaque expérience, constater que cette règle est bien exactement verticale, en même temps que la lunette est bien horizontale. L'appareil représenté figure 5, et qui a été construit par M. Perreaux, réalise très-bien ces diverses conditions. L'axe de l'instrument est formé par une forte tige de fer, entourée d'un tube de cuivre L qui peut tourner autour d'elle; l'extrémité inférieure de la tige est assujettie par un écrou fixé au pied G, et la vis J sert à maintenir l'extrémité supérieure qui est un peu conique. P, P, sont deux tringles, ou règles, soudées sur les deux côtés du tube, l'une d'elles est graduée; la graduation est tracée sur la face opposée à celle qui est vue sur la figure. Q est l'équipage portant la lunette r; cet équipage est mobile le long du tube, et peut être arrêté, dans une position quelconque, à l'aide d'une vis de pression qui se trouve du même côté que la graduation de la règle, et qu'on ne voit pas non plus sur la

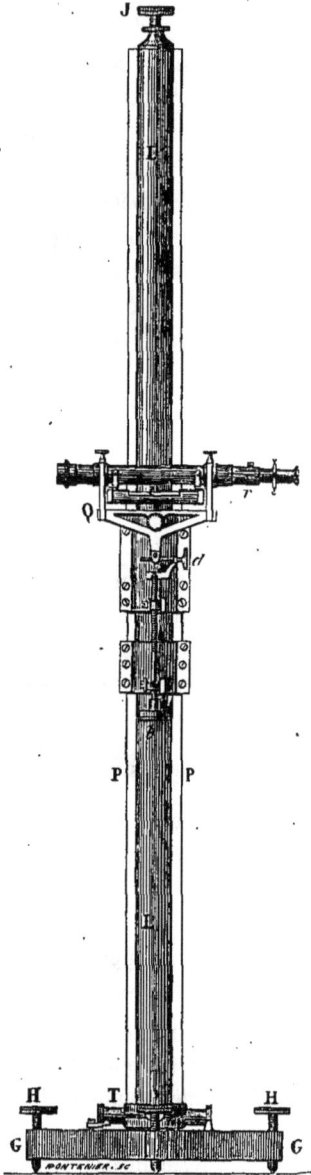

Fig. 5.

figure. La vis de rappel b, dont le pas est d'un demi-millimètre, permet de donner à la portion de l'équipage qui porte la lunette un mouvement lent, et de placer rigoureusement cette dernière dans une position déterminée. Une autre vis de rappel d donne un mouvement lent dans un plan vertical, de façon à obtenir l'horizontalité de la lunette, en s'aidant du niveau à bulle d'air t. Le pied G est muni de vis calantes H, et porte deux niveaux dans une position rectangulaire; l'un d'eux est représenté sur la figure en T. L'ensemble de ces dispositions a l'avantage de placer le centre de gravité très-près de l'axe de l'instrument, de sorte que le poids de l'équipage mobile n'agit que très-peu pour fléchir la règle.

Lorsqu'on veut faire une observation, on commence par placer le pied G de l'intrument dans une position horizontale, en se servant des vis calantes H et des niveaux T; on établit ensuite l'horizontalité de la lunette à l'aide de la vis d et du niveau t.

L'instrument étant bien construit, son axe doit être perpendiculaire au plan des niveaux T, en même temps qu'à l'axe de la lunette r; mais il peut éprouver, par le fait des dilatations, ou par toute autre cause, de petites déformations que l'on peut corriger au moment de l'expérience, pourvu qu'elles soient contenues dans des limites peu étendues. Voici comment on opère. Après avoir établi l'horizontalité des niveaux T et amené au milieu du tube la bulle du niveau t, on retourne la lunette sur ses collets; si la bulle d'air reste au milieu du niveau, c'est que l'axe de ce dernier est bien parallèle à celui de la lunette: s'il n'en est pas ainsi, on fait varier, dans un sens ou dans l'autre, l'angle de ces deux axes, à l'aide d'une petite vis disposée à cet effet. Cette première opération étant faite, on vise un point délié, par exemple l'extrémité d'une petite aiguille très-fine; on retourne la lunette sur ses collets, et en faisant tourner l'équipage de 180°, on doit retrouver le point de visée dans l'axe de collimation. Supposons qu'il n'en soit pas ainsi, c'est que l'axe n'est pas vertical; pour rectifier sa position, on fait l'expérience précédente successivement dans deux plans rectangulaires, l'un contenant deux des vis calantes du pied, l'autre la troisième. On touche à ces vis calantes de façon à retrouver le point de visée à 180° de distance, et on a soin, pendant qu'on fait varier la position du pied, de maintenir la lunette horizontale à l'aide de la vis *d*.

4. *Vis micrométrique*. La vis micrométrique est une vis dont le pas est à la fois très-petit et très-régulier. Si on la fait mouvoir dans un écrou fixe, et qu'on puisse apprécier le nombre de tours et de fractions de tours qu'elle exécute, on saura de quelle quantité linéaire elle s'est avancée. C'est là un moyen précieux, dans un grand nombre de cas, de mesurer de petites longueurs : nous en donnerons deux exemples, le sphéromètre et la machine à diviser.

5. *Sphéromètre.* Le sphéromètre se compose (fig. 6) d'une vis micrométrique M, dont le pas est en général égal à un demi-millimètre. Cette vis passe à travers un écrou A, supporté par trois pieds d'acier terminés en pointe *a*, *b*, *c* ; son extrémité inférieure est également une pointe d'acier, et son extrémité supérieure est un cercle divisé dont on peut apprécier le nombre de tours et de fractions de tour à l'aide de la tige L qui sert de repère.

Fig. 6.

Pour s'assurer à l'aide du sphéromètre qu'une surface est plane, on amène la pointe de la vis en contact avec cette surface, et on fait mouvoir l'instrument dans différents sens; on ne doit observer aucun ballottement. Pour mesurer une petite épaisseur, par exemple celle d'une feuille de papier, on la place sous une petite plaque de verre *m*, à faces parallèles, et on amène la pointe de la vis en contact avec cette dernière : on note la division à laquelle on s'est arrêté, et on enlève la feuille de papier. Pour amener de nouveau la pointe de la vis en contact avec *m*, il faut lui faire faire un certain nombre de tours et de fractions de tours, ce qui fait connaître l'épaisseur cherchée.

Le même instrument sert à reconnaître si une surface est sphérique, en opérant de la même façon que pour la surface plane. On s'en sert aussi très-souvent pour déterminer le rayon d'une sphère, par exemple, en optique, pour les lentilles. A cet effet on place l'instrument de façon que ses trois pieds et la pointe de la vis reposent sur la surface sphérique. On le transporte en-suite sur une surface plane, et on abaisse la pointe de la vis jusqu'au contact de cette dernière; soit h la quantité qui mesure l'abaissement. Les trois pieds du sphéromètre forment sur la sphère un petit cercle dont l'un des pôles est à une distance h et l'autre par conséquent à une distance égale à $2x - h$, x étant le rayon cherché. Soient C et D ces deux pôles (fig. 7), AB le diamètre du petit cercle, on a

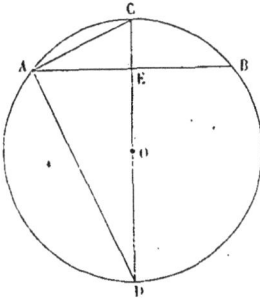

Fig. 7.

$\overline{AE}^2 = h\,(2x - h)$. Mais AE est le rayon du cercle circonscrit au triangle équilatéral formé par les trois pieds de l'instrument; si l'on désigne par l le côté connu de ce triangle, $\overline{AE}^2 = \dfrac{l^2}{3}$,

d'où $x = \dfrac{l^2 + 3h^2}{6h}$.

M. Perreaux a perfectionné le sphéromètre en rendant ses trois pieds mobiles, ce qui permet de les placer à des distances variables de la vis centrale, et par conséquent d'opérer sur des sphères de diamètres très-différents.

6. *Machine à diviser.* La figure 8 représente une vue de la machine à diviser construite par M. Perreaux (¹). Elle se compose : 1º d'un banc fixe ; 2º d'un banc mobile sur lequel on fixe les règles à diviser; 3º d'une vis conductrice et son écrou; 4º d'un chariot portant le traçoir.

1º Le banc AA est formé d'une pièce de fonte comprenant deux règles parallèles parfaitement dressées, dont l'une est angulaire et

_____

(¹) La description que nous donnons de la machine de M. Perreaux est empruntée, en partie, au rapport fait sur cet appareil à la Société d'encoura-gement, par M. Saulnier.

Fig. 8.

l'autre plate; il se termine à l'une de ses extrémités par une pièce rectangulaire K, destinée à recevoir le cercle et la roue adaptés à la tête de la vis.

2° Le banc mobile BB est également en fonte et de même longueur que le banc fixe; sa surface est parfaitement dressée. Les vis V servent à le fixer à des distances variables du banc fixe, et la vis v à le disposer parallèlement au banc fixe.

Pour éviter un fréquent règlement du parallélisme, on a adapté à chaque extrémité du banc une pièce rectangulaire F, munie d'un ressort. Ce ressort sert à fixer un petit appareil qui porte les règles ou tubes à diviser, de façon qu'au lieu de faire mouvoir le banc lui-même, c'est ce dernier appareil dont on fait varier la position pour établir le parallélisme de la règle à diviser et de la vis conductrice.

3° La vis conductrice H a pour pas un demi-millimètre; son écrou est formé de deux parties symétriques réunies, à charnière. Le charriot se posant seulement sur l'écrou, lorsqu'on veut revenir en arrière on l'enlève, on détache l'écrou et on le place dans la position convenable. Cette disposition abrège les opérations en même temps qu'elle diminue l'usure.

La vis, fixée à ses deux extrémités sur le banc, porte à sa tête une roue à rochet R, munie de 200 dents; une autre roue graduée S, tournant sur la vis, porte un cliquet qui s'engage successivement dans les dents du rochet. Il suit de là que si l'on tourne la roue s dans un certain sens, la vis est entraînée par le cliquet, tandis que, dans le sens contraire, la vis reste immobile. La vis étant fixe, il est clair que, si elle vient à tourner d'un certain nombre de tours et de fractions de tour, l'écrou et par suite le charriot qu'il supporte marchera d'une quantité correspondante, à raison d'un demi-millimètre par tour. Afin de régler cette manœuvre, M. Perreaux a imaginé la disposition suivante : il a creusé sur la périphérie de la roue s une hélice assez profonde, dans laquelle glisse une pièce d, appelée gouvernail, mobile d'ailleurs, de manière à ce qu'on puisse à volonté en suspendre l'emploi. Le mouvement du gouvernail est limité par deux goupilles d'arrêt : l'une *m*, invariable et placée à l'origine de l'hélice ; l'autre, attachée à une alidade mobile et qui peut être arrêtée à une position quelconque de la circonférence. Cette seconde goupille peut en outre être disposée avec plus ou moins de saillie sur la surface de la roue, de sorte que l'on peut fixer à un nombre déterminé de tours et de fractions de tour le mouvement possible de la vis, par suite des deux arrêts qu'éprouve le gouvernail. On n'aura donc, après avoir arrêté la goupille mobile, qu'à tourner alternativement dans un sens et dans l'autre ; à chaque mouvement direct, le chariot marchera d'une quantité déterminée ; au mouvement suivant, le gouvernail reviéndra à l'origine de l'hélice, et ainsi de suite.

4° La figure 9 représente une coupe du chariot et du traçoir, à

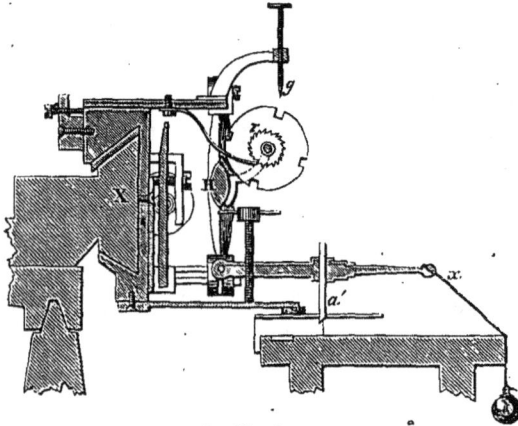

Fig. 9.

la hauteur du couteau *a'*. Le chariot n'est pas établi à demeure sur l'écrou, il n'y est joint que par un ajustement de précision. Il est terminé par une pièce X, formant comme la tête d'un T, sur lequel peuvent glisser, au moyen d'une vis de rappel, l'ensemble du traçoir et de ses accessoires, parmi lesquels est un petit microscope. Le couteau *a'* est adapté à une pièce H, dont le mouvement de va et vient s'obtient dans un sens par la main de l'opérateur, qui tire le fil *x* ; dans l'autre, par le rappel d'un long ressort en hélice. Le mouvement du couteau peut être limité dans ses différents sens, suivant qu'on veut faire des traits plus ou moins longs. Il existe en outre un petit mécanisme appelé compteur, qui, de dix en dix, et de cinq en cinq, donne des longueurs différentes aux traits. A la pièce mobile H est fixé un disque tournant muni d'une roue à rochet r, et d'un cliquet, de sorte qu'à chaque mouvement du couteau la roue marche d'un vingtième de tour. Les traits sont limités par la rencontre de la vis g et de la circonférence du disque ; mais sur cette dernière se trouvent quatre entailles diamétralement opposées, dont deux plus profondes que les deux autres; lorsque la vis pénètre dans ces entailles, la course du couteau est augmentée, et par suite les traits correspondant à cinq et dix se trouvent naturellement plus longs.

On voit, d'après cette description, qu'on pourra, avec la plus grande facilité, tracer sur une règle des divisions d'une longueur déterminée. Si, ainsi que cela arrive souvent, dans le calibrage des tubes thermométriques, par exemple, on a à diviser une longueur arbitraire en parties égales, on n'aura qu'à évaluer cette dernière en tours et fractions de tour de la vis, et on se trouvera ramené au cas précédent. Cette dernière opération est facilitée par une règle, dont la division est égale au pas de la vis, et que l'on peut faire glisser sur le banc mobile.

CHAPITRE II

Inertie de la matière.— Forces.— Effets qu'elles produisent.— Équilibre.— Mouvement.
— Hypothèses sur la constitution des corps. — Élasticité.

7. Le fondement de la physique est ce que l'on appelle l'inertie de la matière. L'inertie ne consiste point dans l'inactivité des particules matérielles, ni dans l'impossibilité où elles seraient, en agissant les unes sur les autres, de modifier leur état de repos ou de mouvement; car l'expérience démentirait à chaque instant une pareille supposition. L'inertie doit être considérée par rapport à un point matériel isolé. Ce point, s'il est en repos, restera indéfiniment en repos; s'il est en mouvement dans une certaine direction, il continuera à se mouvoir suivant cette direction, et avec la même vitesse.

8. Lorsqu'un point matériel en repos entre en mouvement, ou lorsque son mouvement est modifié, on dit que le point est sollicité par une *force*. Une force est donc toute cause qui tend à entraîner un point matériel suivant une certaine direction.

Nous ignorons complétement la nature intime de la force; nous ne savons pas, par exemple, si elle est une des qualités essentielles de la substance matérielle, si elle fait partie intégrante des corps, ou si elle a une origine étrangère à la matière elle-même. La définition que nous venons de donner est indépendante de la solution de ces questions, d'ailleurs fort obscures.

9. Un même point matériel, soumis à l'action de deux forces pendant le même temps, peut parcourir des espaces différents; on dit alors que les forces ont des intensités différentes. Deux forces sont égales lorsque, agissant sur le même point matériel, elles lui font parcourir dans le même temps le même espace. Si deux forces égales agissent simultanément sur le même point et suivant la même direction, on dit que celui-ci est soumis à une force double. On conçoit dès lors des forces dans un rapport quelconque, et les trois éléments d'une force, son point d'application, sa direction et son intensité, deviennent des quantités purement géométriques. Lorsque plusieurs forces agissant sur le même point, celui-ci reste en repos, on dit que les forces se font équilibre. Il est évident que, pour que ce phénomène se produise, il doit y avoir une certaine relation entre les intensités et les directions des forces.

L'étude faite au point de vue géométrique de l'équilibre et du mouvement d'un point matériel, ou d'un système de points matériels sous l'influence de forces données, constitue la *Mécanique*. Les corps peuvent être considérés comme des assemblages de points matériels; mais ces points ne sont pas liés entre eux d'une manière invariable, ils ne sont pas non plus absolument indépendants; ils forment des systèmes plus ou moins altérables, plus ou moins déformables, suivant l'intensité des forces qui s'exercent mutuellement entre les particules. Toute force extérieure aura donc pour effet de modifier l'état des corps. Ces modifications forment l'objet principal de la physique, d'où il suit que, si la mécanique est pour cette dernière un auxiliaire utile, indispensable même, elle ne saurait pourtant se confondre avec elle.

10. Les corps ne sont pas formés d'une matière continue; l'expérience prouve qu'ils présentent dans leur intérieur un certain nombre d'intervalles ou d'espaces vides, que l'on appelle *pores.* C'est à cela qu'est due la possibilité des changements de volume qu'ils éprouvent sous l'influence de divers agents. Ainsi, tous les corps se dilatent par la chaleur et se contractent par le froid. On peut aussi produire ces variations de volume par des actions mécaniques, telles que la compression, la traction, etc. D'un autre côté, on sait que les corps peuvent être divisés en fragments de plus en plus petits; dans certaines circonstances, cette division peut être effectuée, de façon à obtenir des particules d'un degré de ténuité vraiment inouï. C'est de la sorte, par exemple, que le batteur d'or parvient à obtenir des feuilles d'une épaisseur qui atteint à peine $\dfrac{1}{10000}$ de millimètre. Dans la dissémination des matières colorantes et odorantes, la division atteint une limite bien plus reculée encore; toutefois, les lois des combinaisons chimiques ne permettent point de penser que cette division puisse être indéfinie; tout porte à croire au contraire que les agents naturels ne sauraient diviser la matière au delà d'une certaine limite; les dernières particules qui se refuseraient à une division nouvelle, les particules insécables de la matière portent le nom d'*atomes.* Les exemples cités précédemment prouvent d'ailleurs que les atomes doivent avoir une petitesse extrème et échapper complétement à nos sens.

11. On admet d'après cela que les corps sont formés d'atomes groupés formant des masses, toujours très-petites, qu'on appelle *molécules intégrantes* ou simplement *molécules.* Ces atomes sont d'espèces chimiques différentes si le corps est composé, ils sont au contraire de même espèce si le corps est simple. Dans le premier cas, l'affinité chimique est la cause principale de leur union ; dans le second cas, c'est une force d'une nature différente, mais qu'on ne doit pas confondre avec la *cohésion*, car cette dernière s'exerce seulement entre les molécules intégrantes (¹).

Les molécules des corps sont supposées elles-mêmes soumises à des forces mutuelles qui portent le nom générique de forces moléculaires, et qui présentent, pour caractère commun, de n'avoir une valeur sensible qu'à des distances inappréciables à nos sens. Ces forces moléculaires diffèrent de celles qui déterminent l'union des atomes en ce qu'elles peuvent être influencées par des forces extérieures purement mécaniques, telles que la compression, la pesanteur, la pression atmosphérique, etc. C'est de l'équilibre, entre ces diverses forces extérieures ou moléculaires, que résulte la figure d'équilibre du corps lui-même. Puisque les forces moléculaires peuvent se faire équilibre indépendamment de toute force extérieure, comme dans les solides, par exemple, il faut que parmi ces forces les unes soient attractives : elles constituent la cohésion moléculaire (²) ; les autres répulsives : ces dernières dépendent principalement de l'énergie de la chaleur. Les unes et les autres diminuent avec la distance suivant une loi qui n'est pas connue ; mais l'expérience nous apprend, toutefois, que la variation des forces répulsives est plus rapide que celle des forces attractives. En effet, si on exerce une compression *déterminée* sur tous les points de la surface d'un corps, celui-ci diminue de volume, et il s'établit un nouvel état d'équilibre. Le rapprochement des molécules aurait été indéfini si, par suite de la variation de distance, la force répulsive et la force attractive eussent augmenté suivant la même loi ; mais

(¹) L'étude du soufre, du phosphore, du carbone, etc., a montré que ces corps peuvent affecter des états très-différents, qui en font des substances vraiment différentes. Les atomes correspondants à ces divers états peuvent s'unir entre eux par une sorte d'affinité chimique. Quelque chose d'analogue a peut-être lieu dans la molécule intégrante d'un corps simple.

(²) On donne quelquefois le nom *d'adhésion* à l'attraction des molécules de nature différente dans les corps formés de substances diverses mécaniquement mélangées.

la première croissant plus rapidement, a fini par faire équilibre à
la seconde, qui avait été prédominante au moment de la compression. Inversement, si on élève la température d'un corps, les molécules s'écartent par suite de l'augmentation des forces répulsives;
mais comme celles-ci diminuent plus avec l'écartement moléculaire que les forces attractives, il se produira un nouvel état
d'équilibre en rapport avec la quantité de chaleur qui a pénétré
dans le corps.

12. Il faut encore faire à ce sujet une remarque importante.
L'action mutuelle de deux molécules ne dépend pas seulement de
leur distance, elle dépend aussi de leur forme, et par suite de leur
orientation. Cette influence est rendue on ne peut plus manifeste
par la cristallisation. Lorsqu'en effet un corps solide se forme lentement, et que des forces extérieures ne viennent point troubler
l'action réciproque des molécules, celles-ci se groupent d'une façon
régulière et constante. L'influence de la forme et de la disposition
des molécules caractérise particulièrement les corps solides. C'est
elle qui fait que, si l'on vient à exercer un effort sur une portion
quelconque d'un pareil corps, il se produit une variation dans les
forces moléculaires qui amène un nouvel état d'équilibre. C'est ce
que l'on exprime quelquefois en disant que les corps solides sont
caractérisés par l'invariabilité de la forme. En réalité une force,
si petite qu'elle soit, appliquée à un corps solide, change sa forme;
mais le plus souvent ce changement n'est appréciable que quand
la force est très-intense. Il y a toutefois, à cet égard, des différences très-grandes; ainsi les corps mous forment une sorte d'intermédiaire entre les solides et les liquides. Dans ces derniers,
l'influence de la disposition réciproque des molécules est à peu près
nulle; elles se comportent comme si elles étaient sphériques, et
possèdent individuellement une mobilité absolue. Cependant les
liquides visqueux se rapprochent des solides; comme d'ailleurs la
viscosité est très-variable, on peut dire qu'il y a un passage insensible des corps mous aux liquides plus ou moins visqueux, et de
ceux-ci aux liquides proprement dits. Des liquides aux gaz, le passage est beaucoup plus tranché; dans ces derniers, en effet, on peut

considérer l'influence de l'orientation des molécules comme tout à fait nulle : rien d'analogue à la viscosité. Les molécules des gaz sont d'ailleurs dans un état de répulsion continuelle, les forces répulsives l'emportant constamment sur les forces attractives; aussi ces corps ne peuvent-ils être en équilibre que sous l'influence des forces extérieures. Ainsi un gaz remplit toujours un vase clos, quelque grande que soit sa capacité, et exerce sur les différents points de ses parois des pressions dont l'intensité dépend de la force répulsive des molécules.

13. Il résulte des explications précédentes que, si des forces extérieures viennent à agir sur un corps, les molécules se rapprocheront ou s'éloigneront les unes des autres, jusqu'à ce qu'un nouvel état d'équilibre se soit établi entre les forces extérieures et les forces moléculaires. Si alors les forces extérieures cessent d'agir, il pourra advenir que les molécules reprennent exactement leurs positions primitives. Toutefois, elles ne s'arrêteront pas immédiatement dans ces positions, elles les dépasseront en vertu des vitesses acquises, et exécuteront autour d'elles un certain nombre d'oscillations. Il est même certain que, quel que soit le corps, pourvu que les forces extérieures ne dépassent pas certaines limites, ce phénomène se produira. On donne le nom d'*élasticité* à la propriété en vertu de laquelle les molécules des corps, écartées de leurs positions d'équilibre par des forces extérieures, y reviennent après que ces forces ont cessé d'agir.

La limite d'élasticité est la limite d'écart des molécules au delà de laquelle le phénomène dont nous parlons cesse de se produire. Si, par exemple, on suspend à un fil de fer fixé à une de ses extrémités un poids convenable, le fil de fer s'allonge et reprend sa longueur primitive lorsqu'on enlève le poids. Si ce dernier est trop considérable, le fil s'allonge d'une façon permanente, la limite d'élasticité est dépassée. Il peut même arriver que le poids soit assez fort pour déterminer la rupture du fil.

Dans les fluides, liquides ou gaz, il n'y a pas, à proprement parler, de limite d'élasticité; en effet, la forme et la disposition des molécules n'ayant aucune influence sur l'équilibre, celui-ci ne dépend que de l'intervalle qui les sépare. Il en résulte que ces molécules reviendront à la même distance lorsque les forces auront la même valeur; aussi, quelque compression que l'on exerce sur un liquide ou sur un gaz, ceux-ci reprennent toujours leur volume primitif quand la force qui produit la compression cesse d'agir.

Dans les solides, les choses se passent d'une autre façon; la force attractive entre les molécules, variant avec leur position réciproque, on conçoit qu'un déplacement considérable puisse amener une nouvelle position d'équilibre. C'est de la sorte, par exemple, que si l'on vient à faire tourner le prisme ABC, fig. 10,

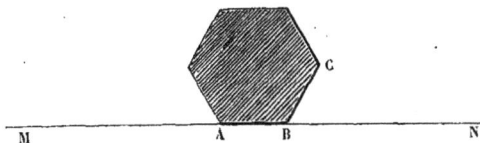

Fig. 10.

autour de l'arête B, il reviendra à sa première position si l'écartement n'est pas trop considérable; mais dans le cas contraire, il viendra s'appliquer suivant la face BC.

D'après cela, il est évident que toutes les circonstances qui auront pour résultat de modifier la constitution moléculaire des corps, changeront aussi leur élasticité; mais dans l'état actuel de la science, on ne saurait prévoir *à priori* dans quel sens auront lieu ces modifications. C'est ainsi que la trempe, qui augmente si notablement la dureté et l'élasticité de l'acier, produit un effet inverse sur le bronze des tam-tam. Cet alliage, en effet, refroidi lentement, possède la fragilité du verre, tandis que, par le refroidissement brusque, il peut être travaillé au marteau et supporter les chocs qui doivent mettre l'instrument sonore en vibration.

14. L'étude des modifications que les corps éprouvent lorsque la limite de leur élasticité est dépassée, les circonstances notamment dans lesquelles les forces extérieures peuvent amener la rupture ou l'écrasement du corps, sont d'une importance capitale pour la science des constructions; mais les lois théoriques de ces

divers phénomènes sont à peine connues. Il n'en est pas de même lorsque la limite d'élasticité n'est pas dépassée. Dans ce cas, les physiciens ont observé quelques lois expérimentales assez simples, et les géomètres ont, par de savantes recherches, créé une partie importante de la physique mathématique. Nous emprunterons quelques résultats simples et qui doivent nous être utiles à ces différentes recherches.

1° *Élasticité de traction*. La réaction moléculaire élastique qui se développe dans un corps soumis à l'action des forces extérieures, dépend du mode d'action de ces forces. Le cas où le corps ayant la forme d'un prisme ou d'un cylindre, serait tiré par un poids dans le sens de sa longueur, est un des plus simples à étudier. On dispose deux anneaux, l'un à la partie supérieure du corps, l'autre à la partie inférieure; on fixe le premier, et on suspend à l'autre un plateau destiné à recevoir les poids. On a préalablement tracé sur la tige deux traits déliés dont on mesure, pour diverses tractions, la distance à l'aide du cathétomètre. On reconnaît ainsi que l'accroissement de distance varie proportionnellement aux poids ([1]). Si on appelle p la charge par millimètre carré,

a l'allongement par mètre exprimé en millimètres; le rapport $\frac{p}{a}$

se nomme coefficient d'élasticité. Voici sa valeur pour quelques substances :

Verre à vitre........................	7917
Cuivre écroui et étiré..................	12449
Fer étiré	20972
Zinc du commerce.....................	8734

On peut déduire de ces nombres les allongements produits sur des tiges de 1 mètre de longueur, par une traction équiva-

---

([1]) Les tractions sont la mesure de la réaction élastique, c'est-à-dire de la force avec laquelle les molécules tendent à revenir à leur première position; cette force est donc proportionnelle à l'écart de la molécule. On démontre en mécanique que, dans ces circonstances, les oscillations autour de la position d'équilibre doivent être isochrones.

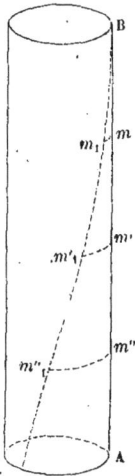

lente à une pression atmosphérique; il suffit, pour le verre par exemple, dans l'équation $\frac{p}{a} = 7917$, de poser $p = 0^\text{k},0103$, d'où $a = 0,0000013$.

On peut aussi, à l'aide des mêmes nombres, calculer la compression cubique qu'éprouverait une masse soumise à une pression déterminée sur tous les points de sa surface. Il résulte en effet de la théorie mathématique de l'élasticité que cette compression cubique, sous une pression p rapportée à l'unité de surface, est égale à $\frac{3}{2} a$; a désignant l'allongement qu'éprouverait une tige de la substance considérée, égale à l'unité de longueur, et tirée par une force p sur chaque unité de surface. Nous utiliserons plus tard cette propriété dans l'étude de la compressibilité des liquides.

2° *Élasticité de torsion*. Considérons un cylindre AB (fig. 11), et imaginons qu'après l'avoir fixé convenablement à sa partie supérieure, on le torde par sa partie inférieure, les molécules m, m', m'', qui se trouvaient primitivement sur une génératrice verticale, se trouvent actuellement sur une courbe, et chacune d'elles tend à revenir à sa première position avec une certaine force, qu'il est naturel de supposer, d'après les expériences précédentes, proportionnelle à l'écart. Si donc l'on conçoit que l'on vienne à doubler l'angle de torsion, chacune des molécules sera sollicitée par une force double de ce qu'elle était d'abord, de sorte qu'il faudra exercer un effort double pour retenir le fil. Il suit de là, et du principe de mécanique déjà rappelé, que les molécules abandonnées à elles-mêmes devront exécuter des oscillations isochrones. Coulomb a vérifié cette conséquence par des expériences nombreuses et précises. On peut donc tirer cette conséquence générale dont nous nous servirons plus tard : *La force de torsion est proportionnelle à l'angle de torsion.* Cette force dépend d'ailleurs du

Fig. 11.

diamètre du fil et de sa réaction élastique propre; ou, en d'autres termes, de son coefficient d'élasticité.

3° *Élasticité de flexion.* Si l'on a une lame prismatique d'acier (fig. 12), fixée invariablement à ses deux extrémités, et

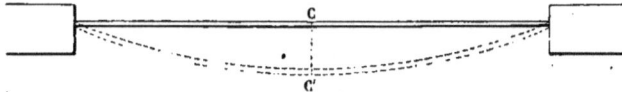

Fig. 12.

qu'une force vienne à agir en son milieu C, perpendiculairement à ses faces inférieure et supérieure, la lame éprouvera une flexion et prendra une forme curviligne. On a reconnu, d'ailleurs, que tant que la limite d'élasticité n'est pas dépassée, la longueur de la flèche CC' est proportionnelle à la force qui tire les lames. Un appareil de ce genre est donc très-propre à la mesure des forces ; car on conçoit qu'une force quelconque peut être appliquée à tendre un ressort, et comme on peut y appliquer aussi des poids, toutes les forces peuvent être comparées à ces derniers et évaluées en kilogrammes. C'est là le principe général des appareils qui portent le nom de *dynamomètres*, et qui ont reçu des formes, d'ailleurs fort diverses, dont il est inutile de s'occuper ici.

L'élasticité des ressorts est la source d'un grand nombre d'applications ; on les emploie comme moteurs dans les montres, les pendules, les lampes, etc.; pour modérer, disséminer, pour ainsi dire, les variations brusques de vitesse dans les voitures; pour ramener à des positions fixes des pièces qui ne doivent en être écartées que momentanément, et qui ne sauraient y revenir d'elles-mêmes; dans les soupapes, et dans une foule d'autres circonstances.

Nous ajouterons une dernière remarque, fort essentielle pour la pratique, c'est que des forces insuffisantes pour faire dépasser la limite d'élasticité, tant que leur action ne dure que peu de temps, peuvent à la longue produire une altération permanente; cela paraît même se vérifier pour des forces très-petites, de sorte qu'à vrai dire il n'y aurait pas de limite d'élasticité. On ne saurait se

rendre un compte bien net de cette influence singulière du temps;
mais le fait est constant, et on l'exprime souvent en disant *que
les ressorts les plus parfaits sont , à la longue, susceptibles de se
fatiguer.*

CHAPITRE III

Pesanteur. — Sa direction. — Poids. — Centre de gravité.

15. La pesanteur est la force en vertu de laquelle tous les corps
se précipitent à la surface de la terre. Cette force est générale; on
en observe les effets dans tous les lieux et pour tous les corps. Si
quelques-uns de ces derniers, la fumée, les nuages paraissent faire
exception, c'est qu'ils sont soutenus par l'air atmosphérique de la
même façon que le liége est soutenu par l'eau. Dans le vide non-
seulement tous les corps tombent, mais ils tombent tous avec la
même vitesse.

16. La direction de la pesanteur se nomme verticale; on l'obtient
en suspendant une masse pesante à un
fil : lors de l'équilibre, la pesanteur
agissant sur le corps matériel devra
être opposée à la tension du fil; c'est
l'expérience du fil à plomb. On peut
démontrer que la direction de la pesanteur est perpendiculaire à la surface des eaux tranquilles. Il suffit
pour cela de suspendre un fil à plomb
(fig. 13) au-dessus de la surface AB
d'un liquide en équilibre; on voit
dans l'intérieur du liquide l'image du
fil, et on reconnaît que cette image
est exactement sur le prolongement

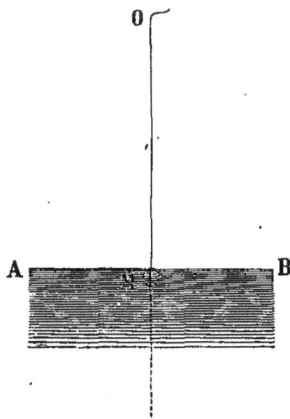

o Fig. 13.

de l'objet. Or, d'après les lois de la réflexion de la lumière, l'image
et l'objet devant être symétriques, il s'ensuit que le fil est bien
perpendiculaire à la surface AB. On rend l'expérience très-précise

en prenant un liquide un peu opaque et y faisant plonger le corps M ; on ne voit alors que l'image du fil, et l'œil juge avec une très-grande netteté si elle est sur le prolongement du fil lui-même.

La surface des eaux tranquilles, en chaque lieu, définit ce que l'on appelle la surface de la terre, qui est, comme on sait, sensible-ment sphérique. Il résulte de là que les diverses verticales vont concourir à peu près au centre de la terre, en faisant entre elles des angles qu'il est facile de calculer quand on connaît la position des lieux. Soient OA, OB (fig. 14) les verticales de deux lieux, et OP la ligne des pôles; dans le triangle sphérique PAB, PA et PB représentent le complément de la latitude de A et de B, l'angle P est la différence de longitude des deux lieux; on peut donc calculer le côté AB, c'est-à-dire l'angle formé par les deux verticales.

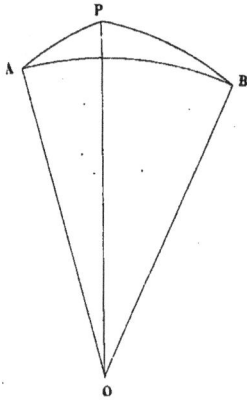

Fig. 14.

Dans le même lieu, les verticales, à raison de la distance considérable du cen-tre de la terre, doivent être considérées comme parallèles. Les diverses molécules d'un corps peuvent donc être considérées comme soumises à un système de forces parallèles. La résultante de toutes ces forces se nomme *poids*. L'effet du poids est de faire tomber le corps quand il est libre; quand il est retenu par un obstacle, celui-ci éprouve une pression ou traction qui peut servir à comparer les poids à des forces ayant une origine différente.

17. Le point d'application de la résultante dont nous venons de parler se nomme le centre de gravité. La connaissance de ce point est fort importante, car on pourra, dans toutes les questions rela-tives à l'équilibre ou au mouvement sous l'influence de la pesan-teur, remplacer les diverses forces qui sollicitent les molécules par une force unique égale au poids et appliquée au centre de gravité.

Dans le cas d'un corps homogène et d'une forme géométrique-ment définie, la détermination du centre de gravité est une question

d'analyse dont le principe fondamental est le théorème des moments ([1]). On déduit généralement de ce principe que, si l'on conçoit
dans le corps un plan diamétral, ce plan contiendra le centre de
gravité. Le centre de gravité se trouvera donc à l'intersection de
trois plans diamétraux. Ainsi, par exemple, le centre de gravité
d'une sphère est en son centre; le centre de gravité d'un triangle
est à la rencontre des trois médianes; le centre de gravité d'un
tétraèdre est au point d'intersection des lignes qui joignent le milieu
des arêtes opposées, etc.

Lorsque le corps est hétérogène, et que l'on connaît la loi suivant
laquelle varie la densité d'un élément à l'autre, le calcul permet
encore de déterminer le centre de gravité. Supposons, par exemple,
qu'on demande le centre de gravité d'une ligne pesante AB
(fig. 15) dans laquelle la densité varie du point A au point B,

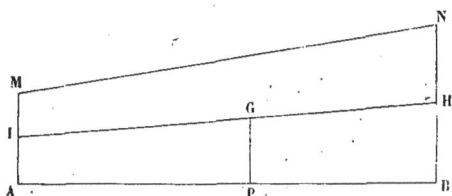

Fig. 15.

proportionnellement
à la distance au pre-
mier point. Élevons
en A et B les per-
pendiculaires AM,
BN, respectivement
proportionnelles aux

densités d et d' aux deux points; il est clair que le poids de la
ligne sera mesuré par l'aire du trapèze ABMN. Si donc on détermine le centre de gravité G du trapèze en menant par ce point une
parallèle à AM, on déterminera le point P, qui est le centre de
gravité de la ligne donnée. Or, on sait que le centre de gravité du
trapèze est placé sur la ligne JH, qui joint les milieux des côtés
parallèles et en un point G, tel que

$$\frac{IG}{GH} = \frac{\dfrac{AM}{2} + BN}{\dfrac{BN}{2} + AM} = \frac{\dfrac{d}{2} + d'}{\dfrac{d'}{2} + d} = \frac{d + 2d'}{d' + 2d}$$

([1]) Ce théorème consiste en ce que, dans un système de forces parallèles, le
moment de la résultante, par rapport à un plan, est égal à la somme des
moments des composantes.

d'autre part, si l'on désigne AB par l et AP par x, on aura

$$\frac{AP}{PB} = \frac{IG}{GH} \text{ où } \frac{x}{l - x} = \frac{d + 2d'}{d' + 2d} \text{ d'où } x = \frac{l}{3} \cdot \frac{d + 2d'}{d + d'}.$$

18. Lorsque le corps n'a pas de forme géométriquement définie ou lorsqu'il est hétérogène, sans qu'on connaisse la loi de la variation de sa densité, on peut approximativement déterminer la position du centre de gravité par le procédé suivant : on suspend le corps par un de ses points A (fig. 16); l'équilibre étant établi, il est clair que le centre de gravité doit se trouver sur le prolongement AB du fil de suspension. Si on le suspend ensuite par un autre point C, le centre de gravité devra aussi se trouver sur le prolongement CD du fil, et par suite, si l'on peut suivre à peu près la direction des deux lignes AB et CD, on aura une idée de la position du centre de gravité, qui est leur point d'intersection.

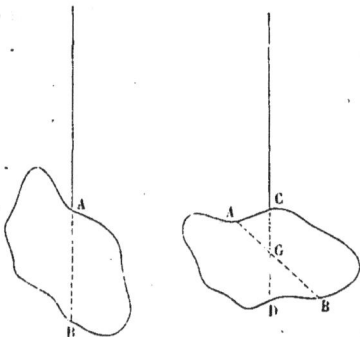

Fig. 16.

19. Lorsqu'un corps repose sur un plan horizontal par un certain nombre de points, l'équilibre exige que la verticale menée par son centre de gravité tombe dans l'intérieur du polygone convexe que l'on peut former en réunissant les points d'appui. Il est clair, en effet, que dans ce cas, la pesanteur n'aura d'autre effet que d'appliquer le corps contre le plan. Il est visible, d'ailleurs, que l'équilibre sera d'autant plus stable que le centre de gravité sera plus bas, et que la base de sustentation sera plus considérable. On voit aussi que la stabilité de l'équilibre, dans un certain sens, dépend de la position du point où la verticale du centre de gravité coupe le polygone d'appui. Si, par exemple, ce point est très-près de la limite du polygone, une petite force dirigée dans un sens convenable pourra détruire l'équilibre, tandis que dans le sens opposé il faudrait une force plus considérable.

Ces principes très-simples peuvent servir à expliquer quelques
phénomènes dont quelques-uns ont, au premier abord, un aspect
paradoxal. Nous citerons, par exemple, l'expérience suivante : on
place sur deux règles AB, AC (fig. 17), disposées de façon à former
un plan incliné, le double cône M. Dès que celui-ci est abandonné
à lui-même, il remonte le long du plan incliné jusqu'à ce que ses
extrémités s'engagent dans deux entailles pratiquées en B et en C.
Cette ascension n'est qu'apparente ; en effet, lorsque le cône est au
sommet A du triangle formé par les règles, son centre de gravité

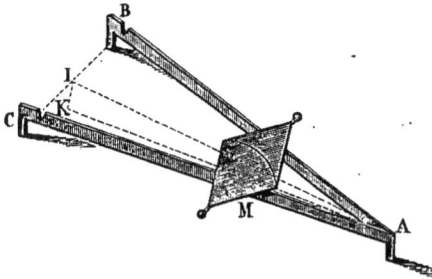

est élevé au-dessus du
plan horizontal mené
par le point A, d'une
quantité égale à son
rayon. Quand il est à
l'extrémité de l'appa-
reil, son centre de
gravité est élevé au-
dessus du même plan
de la hauteur même

Fig. 17.

du plan incliné; si donc cette hauteur est inférieure au rayon du
cône, et c'est à cette condition seulement que l'expérience est possible, le centre de gravité aura descendu.

Si on désigne par l la longueur de la perpendiculaire à la bissec-
trice de l'angle des deux règles, α l'angle que celles-ci forment
entre elles, et i l'inclinaison de leur plan sur l'horizon, la hauteur
teur du plan IK sera représentée par IA sin. i; ou, à cause de

$$IA = \frac{l.}{2\,tg\,\tfrac{1}{2}\,\alpha}, \text{ par } \frac{l.\sin.\,i}{2\,tg\,\tfrac{1}{2}\,\alpha}.$$ Pour que l'expérience soit possible,

on doit donc avoir $r > \dfrac{l.\sin.\,i}{2\,tg\,\tfrac{1}{2}\,\alpha}$ d'où $tg\,\tfrac{1}{2}\,\alpha > \dfrac{l.\sin.\,i}{2r}$. On voit

donc qu'avec le même appareil l'expérience ne pourra réussir
qu'autant qu'on donnera aux règles un certain degré d'écartement.

20. Lorsqu'un corps est mobile autour d'un axe de rotation, il
faut, pour l'équilibre, que la verticale menée par le centre de gra-

vité rencontre l'axe : il est clair, en effet, que dans ce cas l'action
de la pesanteur sera détruite par la résistance même de cet axe.

Cette condition peut être remplie
pour deux positions très-différentes
du corps, le centre de gravité peut
être au-dessus ou au-dessous de
l'axe (fig. 18). Dans le premier cas
il est évident que, si le corps est
tant soit peu dérangé de sa position
d'équilibre, l'effet de la pesanteur
sera de la lui faire abandonner sans
retour. Dans le second cas, au contraire, l'action de la pesanteur tend
continuellement à rétablir l'équi-

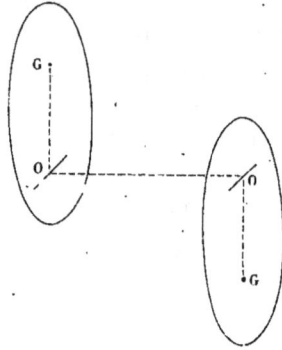

Fig. 18.

libre, s'il vient à être troublé. L'équilibre est *instable* dans le
premier cas, *stable* dans le second. Si le centre de gravité était sur
l'axe de rotation, l'équilibre serait *indifférent*, c'est-à-dire qu'il
aurait lieu dans toutes les positions possibles. Cette dernière
condition doit être rigoureusement
remplie dans toutes les roues de
mécanismes qui ne servent qu'à la
transmission du mouvement, et qui
ne doivent avoir aucune position
d'équilibre qui leur soit propre.

Si l'on conçoit que le centre de
gravité d'un corps mobile autour
d'un axe se déplace d'une manière
continue, le corps lui-même se dépla-
cera pour prendre à chaque instant
la position qui convient à l'équilibre.
C'est sur ce principe qu'est fondée
l'horloge magique. Elle se compose

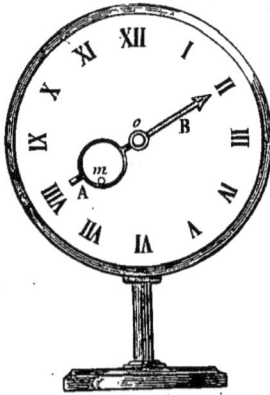

Fig. 19.

(fig. 19) d'une aiguille AB, portant à l'une de ses extrémités un
anneau creux, dans l'intérieur duquel un mouvement d'horlogerie
fait circuler d'une manière continue une masse pesante. Il résulte

de là que le centre de gravité de l'aiguille se déplace; de plus, si
on cherche sa position, pour chacune de celles que prend la masse
m, on reconnaît aisément qu'il se meut sur la circonférence d'un
cercle décrit autour d'un certain point *o*. Si l'on fixe en ce point
un axe de rotation pour l'aiguille, celle-ci se placera à chaque
instant dans sa position d'équilibre, elle tournera par conséquent
d'une manière continue, et si le mécanisme moteur est un mouvement de montre, elle indiquera elle-même les heures sans qu'on
aperçoive la cause de son mouvement; de là sans doute l'origine
du nom qu'on a donné à cet appareil.

CHAPITRE IV

**Démonstration expérimentale de la loi de la chute des corps pesants. — Appareil de
M. Morin. — Machine d'Atwood. — Plan incliné de Galilée.**

21. La démonstration expérimentale des lois de la chute des
corps présente d'assez grandes difficultés. Si en effet on abandonne
librement un corps à l'action de la pesanteur, la rapidité de sa
chute rend très-difficile l'observation des espaces parcourus pendant
des temps déterminés. On est donc obligé d'avoir recours à des
artifices divers. Quelquefois un mécanisme particulier permet au
corps d'écrire lui-même les espaces qu'il parcourt; c'est le principe de l'appareil de M. Morin. D'autrefois, on ralentit la vitesse
de chute dans des conditions telles, que la loi de pesanteur ne soit
pas altérée. C'est le principe de la machine d'Atwood. Cette dernière méthode a l'avantage de rendre moins sensibles les effets de
la résistance de l'air, qui, comme on le sait, augmente rapidement
avec la vitesse, à peu près proportionnellement au carré de cette
vitesse. Or, c'est de la loi de la chute des corps, telle qu'on l'observerait dans le vide, que nous nous occupons ici; par conséquent la
résistance de l'air constitue une force perturbatrice dont il est
important d'atténuer autant que possible les effets. Nous remarquerons toutefois que, quand le corps est très-dense et qu'on ne

considère qu'une petite hauteur de chute, l'effet de cette résistance est assez faible pour pouvoir être négligé.

22. *Appareil de M. Morin.* L'appareil de M. Morin se compose d'un cylindre en bois MM (fig. 20) recouvert de papier, qui peut recevoir un mouvement uniforme de rotation autour de son axe vertical, par la chute d'un gros poids P. La corde qui supporte le poids est enroulée autour d'un tambour muni d'une roue dentée, laquelle engrène, d'une part, par l'intermédiaire d'une vis sans fin, avec l'axe du cylindre; d'autre part, avec un axe portant les ailettes LL, qui régularisent le mouvement. En regard du cylindre tournant se trouve un poids cylindro-conique *m*, qui porte un crayon dont la pointe s'appuie sur le papier, et qui est armé d'ailleurs d'oreilles glissant sur les fils verticaux *l* destinés à le diriger dans sa chute. En appuyant sur le levier *f*, on peut faire partir le poids à un moment donné; on attend

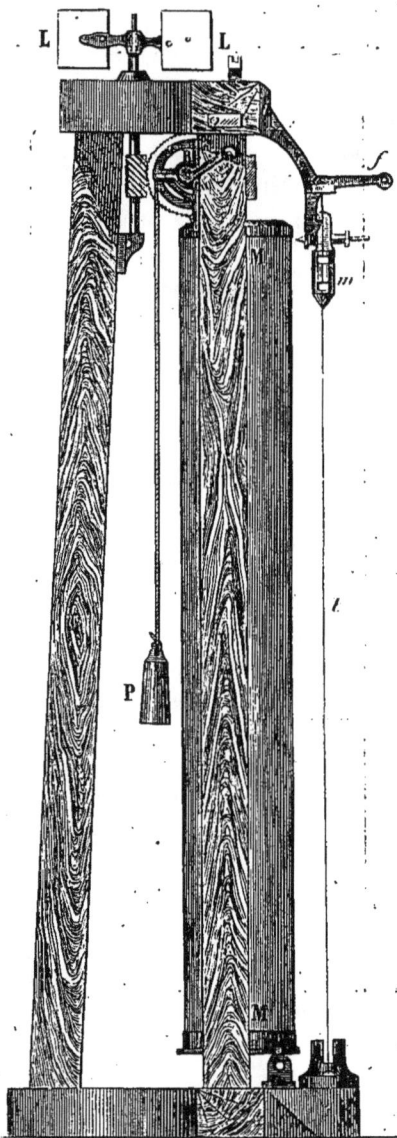

Fig. 20.

pour cela que le mouvement du cylindre soit devenu sensiblement uniforme. Il résulte de cette disposition que si on a réglé la position du crayon de façon qu'il s'appuie sur le papier sans exercer un frot-

tement trop considé-rable pendant la chute, il décrira une ligne qui, la feuille étant déve-loppée, aura la forme indiquée par la figure 21. Si on conçoit cette courbe rapportée à l'axe horizontal OX passant par l'origine du mou-vement, et à un axe perpendiculaire OY, il est clair que le mouve-ment du cylindre étant supposé uniforme, les abscisses OP, OP'..., mesurent les temps employés par le corps, pour tomber de hau-teurs représentées par les ordonnées corres-pondantes MP, M'P'... Or, si on prend un cer-tain nombre de points M, M', M''..., qu'on mesure la longueur de

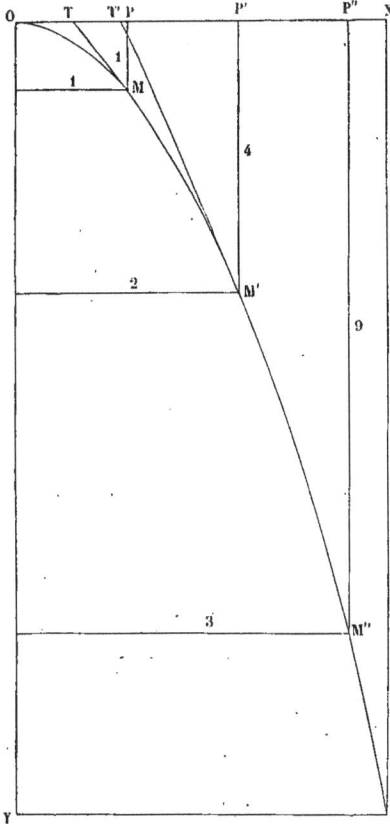

Fig. 21.

leurs coordonnées, on trouve que $\dfrac{MP}{\overline{OP^2}} = \dfrac{M'P'}{\overline{OP'^2}} = \dfrac{MP''}{\overline{OP''^2}}... = $ con-stante. Si, par exemple, OP' est double de OP, M'P' est quadruple de MP. On est donc conduit à cette loi que les espaces parcourus sont proportionnels aux carrés des temps employés à les parcourir. Pour rendre ces vérifications plus faciles, on trace à l'avance sur la feuille de papier des traits verticaux et horizontaux équidistants, de telle sorte qu'on lit immédiatement la longueur des ordonnées, sans faire de mesure directe.

L'expérience précédente nous apprend donc que, si on représente par e l'espace parcouru par un corps pendant le temps t, on aura la relation ... $e = kt^2$... [1], k désignant l'espace parcouru pendant l'unité de temps.

La courbe de la figure est donc une parabole rapportée à son sommet O et à son axe OY. On peut déduire de là la loi des vitesses. On sait en effet que si, à une époque t, on considère l'espace e' parcouru par un mobile pendant un temps très-petit θ, le rapport de e' à θ est la vitesse moyenne pendant l'instant θ, et que la vitesse au bout du temps t est la limite du rapport $\dfrac{e'}{\theta}$, c'est-à-dire la dérivée de e par rapport à t. Si donc nous prenons la dérivée du second membre de l'équation [1], on aura pour la vitesse $V = 2kt$, c'est-à-dire que les vitesses sont proportionnelles aux temps. En un quelconque des points M, M', la vitesse est donnée par le coefficient d'inclinaison de la tangente menée à la courbe; on pourrait donc ainsi, en construisant les deux tangentes MT, M'T', vérifier graphiquement la loi des vitesses.

23. *Machine d'Atwood.* La machine d'Atwood se compose essentiellement d'une poulie très-mobile (fig. 22), autour de laquelle s'enroule un fil très-fin, supportant à ses deux extrémités deux poids égaux P. Si l'on fait abstraction du poids du fil, il est clair que, dans une position quelconque, les deux poids se feront équilibre. Mais si l'on charge l'un des poids d'une masse additionnelle, le système se mettra en mouvement. Or, tous les points du système décrivant des lignes droites et parallèles, on peut considérer chacun d'eux comme soumis à l'action de forces

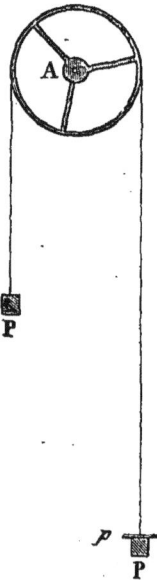

Fig. 22.

3

égales; mais la seule force réelle étant le poids p, il est clair que le rapport de la force qui agit sur un point de celui-ci, quand il tombe seul, à celle qui sollicite le même point lors de la chute du système,

est égal à $\dfrac{p}{2P + p}$, P dési-

gnant le poids de chacune des masses égales. Quelle que soit la force, par conséquent, qui produit la chute libre du poids p, la machine d'Atwood n'a d'autre effet que de la réduire à chaque instant dans une proportion constante. Les lois du mouvement ne seront donc pas altérées, et on pourra étudier facilement les circonstances de celui qui se produit dans la machine d'Atwood, à l'aide des dispositions que nous allons faire connaître.

Une colonne F (fig. 23) supporte la poulie AB, dont l'axe repose sur les jantes croisées de deux autres poulies très-mobiles, ce qui diminue notablement l'intensité du frottement. L'un des poids M se meut en regard de la règle graduée CD, sur

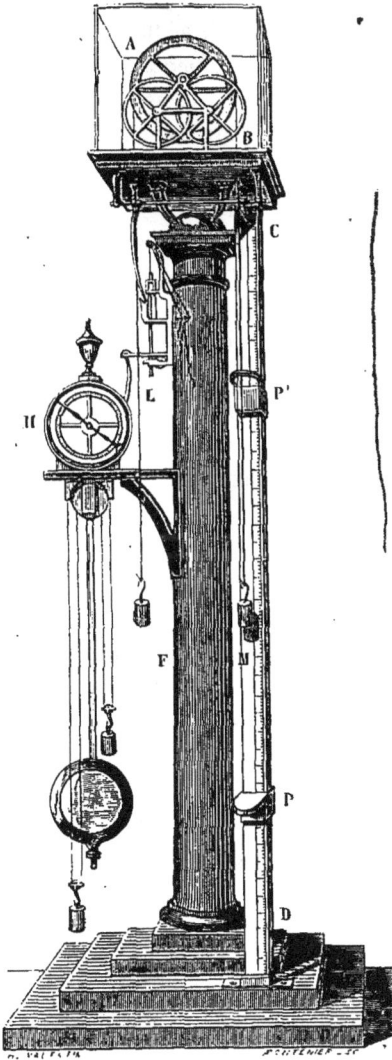

Fig. 23.

laquelle on peut arrêter à différents points le curseur plein P. Une horloge à secondes H sert à mesurer le temps. Pour mesurer l'espace parcouru pendant une seconde, on remonte le poids M à l'origine de la graduation, on le charge de la masse additionnelle, et on l'abandonne au moment où le pendule commence une oscillation. On voit ainsi quel est à peu près le point où passe le poids à la fin de l'oscillation du pendule. Mais il est facile d'obtenir ce point avec une grande précision; il suffit de placer le curseur plein de façon qu'on entende simultanément le bruit du pendule achevant son oscillation et celui du corps qui vient frapper sur le curseur. Si petit que fût l'intervalle entre les deux bruits, l'oreille s'en apercevrait aisément. On a donc, très-exactement, l'espace parcouru pendant une seconde. Pour être bien sûr que le système est abandonné à lui-même, au moment où le pendule commence une oscillation, on dispose le poids mobile sur une planchette, qui est maintenue par un système de leviers articulés, dont l'extrémité L est soutenue elle-même par un doigt fixé à la roue d'échappement de l'horloge. Ce doigt abandonne l'extrémité du levier à un moment invariable, qui est par exemple celui où l'aiguille de l'horloge commence sa première excursion à partir du 0. Après avoir mesuré l'espace parcouru pendant une seconde, on mesure de la même façon l'espace parcouru pendant 2, 3, 4 secondes. On trouve ainsi que si a représente le premier espace, les autres sont exactement égaux à $4a$, $9a$, $16a$... On peut d'ailleurs faire varier a en prenant une masse additionnelle plus ou moins considérable.

Il résulte donc des expériences précédentes, que les espaces parcourus par un corps qui tombe sont proportionnels aux carrés des temps employés à les parcourir. Si on désigne par k l'espace parcouru pendant l'unité de temps, e celui parcouru pendant le temps t, on aura la relation

$$[1] \quad e = kt^2.$$

On pourrait, ainsi que nous l'avons vu plus haut, déduire de là la loi des vitesses; mais on peut aussi la démontrer directe-

ment à l'aide de la machine d'Atwood. Il est nécessaire, pour
comprendre ce mode d'expérience, de donner une autre définition
de la vitesse dans un mouvement varié. On peut appeler vitesse
à un instant donné, la vitesse du mouvement uniforme qui succé-
derait au mouvement varié, si la force qui agit sur le mobile était
supprimée au moment considéré. Il est facile de voir que cette définition coïncide au fond avec celle qui a été donnée (20). En effet,
si à partir d'un certain temps t, on considère la vitesse moyenne
pendant un temps infiniment petit, cette vitesse ne saurait diffé-
rer qu'infiniment peu de la vitesse telle que nous la considérons
en ce moment (¹); car pendant une durée infiniment courte, la
force ne peut modifier qu'infiniment peu la vitesse. Si donc on
prend la limite de cette vitesse moyenne, on aura exactement la
valeur de la vitesse constante qui résulte de la suppression de la
force. Cela posé, pour vérifier la loi des vitesses à l'aide de la
machine d'Atwood, on dispose, au point où arrive le mobile à la
fin d'une seconde, un curseur annulaire P', qui laisse passer le
poids M, mais arrête la masse additionnelle, que l'on choisit pour
cela de forme allongée. A partir de ce moment le poids ne se meut
qu'en vertu de la vitesse acquise pendant la 1ʳᵉ seconde. On place
le curseur plein au point où arrive le poids une seconde après;
l'intervalle qui sépare les deux curseurs est la vitesse acquise
pendant une seconde. On répète ensuite l'expérience en plaçant
le curseur annulaire au point où arrive le mobile au bout de 2,
3, 4 secondes, et le curseur plein au point où il arrive une
seconde après. On mesure ainsi la vitesse acquise au bout de 2,
3, 4 secondes, et on trouve qu'elle est exactement double, triple,
quadruple de la vitesse acquise pendant une seconde. Les vitesses
croissent donc proportionnellement au temps. On peut reconnaître, en outre, que la vitesse acquise au bout d'une seconde est

---

(¹) On admettait autrefois l'existence de forces dites instantanées, capables
de produire un effet fini dans un temps inappréciable; les géomètres ont,
depuis lors, rejeté cette idée, et supposent qu'une force quelconque ne saurait, dans un temps infiniment petit, produire qu'un effet infiniment
petit.

double de l'espace parcouru pendant le même temps; on a donc pour lier la vitesse au temps, la relation

$$[2] \quad v = 2kt.$$

24. Les lois de la chute des corps graves ont été découvertes par Galilée; il se servait pour cela d'un plan in-cliné. Cet appareil peut, en effet, remplir le même but que la machine d'Atwood et ralentir la vitesse de chute. Si on suppose (fig. 24) un

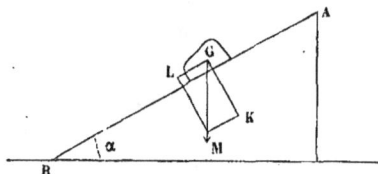

Fig. 24.

corps pesant G sur un plan incliné AB, le poids p du corps, supposé appliqué au centre de gravité, pourra être décomposé en deux forces GK et GL, l'une normale, l'autre parallèle au plan. Cette dernière est seule efficace pour produire le mouvement et a pour expression $p \sin\alpha$.

On peut donc, en faisant varier α, diminuer autant qu'on le voudra la force, et par suite la vitesse, de manière à rendre l'observation facile. Afin de diminuer le frottement, Galilée em-ployait une corde tendue AB (fig. 25), sur laquelle glissait un

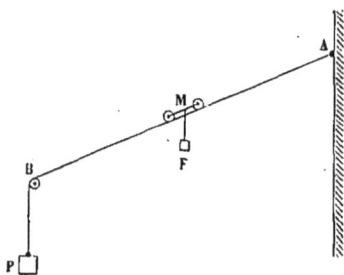

Fig. 25.

petit équipage formé de deux petites poulies, dont la chape supporte le poids F. C'est de la sorte que Galilée reconnut que les espaces parcourus par un corps, pendant les secondes successives, de sa chute, sont entre eux comme la suite des nombres impairs 1, 3, 5...; loi qui coïncide évidemment avec celle du carré des temps, car les sommes consécutives des nombres impairs à partir de l'unité forment la suite des carrés.

A l'aide des méthodes précédentes, on peut déterminer l'es-pace parcouru par un corps pendant la première seconde de sa

chute et la vitesse acquise pendant le même temps; mais à cause
du frottement et des autres circonstances perturbatrices, on n'aurait qu'une valeur peu exacte. Nous verrons plus loin que le pendule permet de faire cette détermination avec une précision beaucoup plus grande. C'est ainsi qu'on a trouvé au bout d'une seconde,
pour la vitesse acquise par un corps qui tombe librement, à Paris,
$9^m, 8088$. On désigne en général cette quantité par g. Les formules
relatives à la chute des corps deviennent ainsi

$$[1] \quad e = \frac{g t^2}{2} \qquad [2] \quad v = g t.$$

Si l'on donne une des trois quantités t, v, e, on trouvera les
deux autres. En éliminant t entre les deux équations [1] et [2],
on obtient pour la valeur de v en fonction de l'espace parcouru

$$[3] \quad v = \sqrt{2 g e}.$$

CHAPITRE V

Loi de l'indépendance de l'effet d'une force sur un corps, et du mouvement antérieurement acquis par ce corps. — Accélération. — Masse. — Rapport entre les forces, les
masses sur lesquelles elles agissent, et les accélérations qu'elles produisent.

25. L'étude que nous venons de faire de la pesanteur nous a
montré l'exemple d'une force qui, pendant toute la durée du mouvement, donne des accroissements égaux de vitesse dans des temps
égaux. Une pareille force est appelée *force constante*. Or, la
constance d'une force peut se reconnaître souvent d'une manière
intrinsèque. S'il s'agit, par exemple, d'un point matériel attiré
vers un centre, proportionnellement à une certaine fonction de la
distance, mais que ce centre soit assez éloigné pour que les variations de cette distance soient insensibles, il est clair que la force
d'attraction sera constante. C'est précisément le cas de la pesanteur qui, ainsi que nous le verrons plus loin, peut être remplacée
par une attraction émanant du centre de la terre. On pourrait
d'ailleurs vérifier cette constance de l'action du poids en suspen-

dant à l'une des masses de la machine d'Atwood un petit dynamomètre; on constaterait ainsi que, pendant la durée du mouvement, ce dernier accuse la même tension. On est donc conduit à
ce résultat d'expérience, que l'accroissement de vitesse que donne
successivement à un mobile, une force constante, est indépendant
de l'état de mouvement de ce mobile; il en sera par conséquent de
même de toute force, quelle que soit sa nature qui agirait dans
le sens du mouvement du point; son effet sera absolument indépendant de ce mouvement lui-même.

Ce n'est là, au surplus, qu'un cas particulier d'un phénomène beaucoup plus général, et qui peut être considéré comme le
fondement de la mécanique. Lorsqu'un système de points est
entraîné par un mouvement commun, et que l'un d'eux vient à
être sollicité par une force particulière, son *mouvement relatif* est
indépendant du mouvement commun, et par conséquent le même
que si le système était en repos. Une expérience incessante nous a
révélé ce principe. C'est ainsi, par exemple, que le mouvement
d'une montre n'éprouve pas d'altération sur un navire : si dans
un bateau, dans un wagon de chemin de fer, on laisse tomber un
corps, il suit la verticale apparente, comme si le bateau, le wagon,
étaient en repos. Dans ces deux cas, l'effet de la pesanteur, de la
tension du ressort, sont indépendants du mouvement acquis par
les corps sur lesquels leur action a lieu. Le système solaire étant
lui-même animé de mouvements très-divers, les corps que nous
considérons comme fixes à la surface du sol ne le sont point, et les
mouvements que nous observons ne sont que des mouvements
relatifs; mais l'analogie la plus démonstrative nous montre que
les lois que nous observons dans ces circonstances n'éprouveraient
aucune altération si, par une cause quelconque, les mouvements
du système solaire se trouvaient modifiés.

On a cherché à instituer des expériences particulières, pour
établir ce point fondamental de la mécanique; c'est ainsi, par
exemple, qu'on a construit des machines d'Atwood mobiles (¹),

(¹) On peut voir un appareil de ce genre au Conservatoire des arts et métiers.

que l'on met en mouvement pendant qu'on fait une observation ;
on reconnaît ainsi que les lois de la chute des corps ne sont pas
altérées. Il est bon de remarquer, toutefois, que c'est moins par
une expérience particulière, laquelle, si bien exécutée qu'elle soit,
comporte toujours quelque incertitude ; que par un ensemble
d'observations que doit être mis en lumière le principe dont il
s'agit. Il n'est pas non plus susceptible d'une démonstration *à
priori*. En effet, l'essence intime des forces nous est complétement
inconnue. En mécanique notamment, on compare certains effets
produits, et on considère comme égales des forces d'une nature
bien différente, comme, par exemple, le poids et la contraction
musculaire qui donneraient la même indication au dynamomètre.
On ne saurait donc établir aucun lien nécessaire entre la cause
que nous appelons *force* et l'effet qu'elle produit sur un mobile,
puisque c'est seulement cet effet que nous connaissons. C'est donc
par l'observation des phénomènes dans un grand nombre de cas,
que nous pouvons remonter à la loi qui les régit, que nous considérons alors comme une loi de l'action des forces. A ce point de
vue, on peut dire que le fondement de la mécanique est essentiellement expérimental.

26. Le mouvement d'un corps ou d'un système peut être envi-
sagé en lui-même, abstraction faite de ses causes : on peut aussi le
considérer comme le résultat de l'action d'une ou de plusieurs
forces. Dans un grand nombre de circonstances même, on voit
clairement quelles sont les forces qui contribuent à entretenir le
mouvement considéré. Or, les observations qui nous ont servi
pour établir le principe de l'indépendance des mouvements relatifs
sont entièrement générales, quelle que soit la cause du mouvement commun observé. On est donc conduit à une conséquence
plus générale en apparence, au fond la même que celle dont il
vient d'être question, c'est que l'*effet d'une force sur un corps*
est absolument indépendant de l'action des autres forces qui peuvent
simultanément agir sur le même corps.

27. On appelle accélération d'une force constante l'accroissement de vitesse qu'elle imprime à un corps dans l'unité de temps.

Si la force est variable, l'accélération est variable aussi, et si on conçoit qu'à un moment donné les causes qui font varier l'intensité de la force cessent, celle-ci deviendra constante, et produira une accélération qui est celle de la force donnée à l'instant considéré.

Il résulte du principe de l'indépendance des mouvements relatifs que, si une force F imprime à un point matériel une accélération V, une nouvelle force égale agissant sur le même point lui donnera une nouvelle accélération V, de sorte que l'accélération totale sera égale à 2V. On voit donc que les forces constantes sont proportionnelles aux accélérations qu'elles impriment à un même corps. Si on désigne par F, F′, F″ l'intensité de diverses forces agissant sur le même corps et lui imprimant des accélérations égales à V, V′ V″, on aura les relations

$$\frac{F}{V} = \frac{F'}{V'} = \frac{F''}{V''}.$$

Si P est le poids du corps considéré, on sait que l'accélération qu'il produit est égale à g; on aura donc

$$[1] \quad \frac{F}{V} = \frac{F'}{V'} = \frac{F''}{V''} = \frac{P}{g} = \text{constante} = M.$$

Si les mêmes forces F, F′, F″ agissent sur un autre corps de poids P′, elles lui imprimeront des accélérations différentes V_1, V'_1, V''_1, et l'on aura

$$[2] \quad \frac{F}{V_1} = \frac{F'}{V'_1} = \frac{F''}{V''_1} = \frac{P'}{g} = M'.$$

On suppose qu'on est dans le même lieu; dans ce cas g est constant.

28. Ce fait que les mêmes forces, appliquées à des corps différents, leur impriment des accélérations différentes, nous donne l'idée de la *masse des corps*. Suivant qu'ils ont plus ou moins de masse ou, comme le disent les physiciens, qu'ils renferment une plus ou moins grande quantité de matière, les corps éprouveront, de la part de la même force, une accélération moins ou plus considérable. Or il résulte des équations [1], que la constante M varie précisément en raison inverse de l'accélération produite sur le corps par une même force F : cette constante donne donc une idée très-précise de la quantité de matière contenue dans le corps, c'est-à-dire de sa masse.

Si on appelle P le poids d'un corps, M sa masse et g l'accélération de la pesanteur dans le lieu considéré, on aura, d'après ce qui précède

$$\frac{P}{g} = M \text{ ou } P = Mg \quad [a].$$

Si l'on convient de prendre pour unité de force le kilogramme, et pour unité de longueur le mètre, l'unité de masse est, d'après la formule précédente, la masse d'un corps pesant g kilogrammes. C'est aussi la masse qui, soumise à l'action de l'unité de force, prendrait une accélération égale à 1. En effet, g kilogrammes, sous l'action de leur propre poids, prennent une accélération égale à g; sous l'action d'une force g fois plus faible, c'est-à-dire de un kilogramme, l'accélération serait aussi g fois plus faible, et par conséquent égale à 1.

Dans le même lieu, les accélérations produites par la pesanteur étant égales, il résulte de la formule [a] que les poids sont proportionnels aux masses, et peuvent par conséquent leur servir de mesure.

29. En général deux forces constantes sont proportionnelles aux produits des masses sur lesquelles elles agissent, par les accélérations qu'elles leur impriment. On a en effet, d'une manière générale, la relation $\frac{F}{V} = M$, d'où $F = MV$, ce qui est l'expression même de la proposition. On voit de plus que si on évalue la masse, les forces et les longueurs comme il a été dit précédemment, la force pourra se mesurer par l'expression MV.

On appelle quelquefois quantité de mouvement le produit de la masse d'un corps par la vitesse qu'il possède; on déduit de là qu'une force constante peut se mesurer par la quantité de mouvement qu'elle produit dans un temps donné.

CHAPITRE VI

-Principe de la réaction égale et contraire à l'action. — Application à la force centrifuge. — Choc des corps.

50. Si l'on conçoit un corps tiré par un fil et se mouvant sous l'influence d'une force constante qui détermine un mouvement uniformément accéléré, une portion quelconque du fil est soumise à chaque instant à deux forces égales et contraires. On le vérifie-rait aisément en interposant quelque part sur le fil un dynamo-mètre ; on reconnaîtrait qu'il accuse un degré constant de tension. L'une de ces forces est l'action elle-même, l'autre la réaction qui lui est égale et directement opposée. C'est cette réaction que l'on dé-signe quelquefois sous le nom de force d'inertie ; expression fort impropre, car elle semble indiquer de la part du corps une certaine résistance au mouvement, ce qui est exactement le contraire de la notion d'inertie.

· Lorsqu'il n'existe aucune liaison entre les points matériels qui agissent les uns sur les autres, on admet aussi une réaction égale et contraire à l'action. En effet, si les points viennent à être réunis d'une manière invariable, ils sont réduits à l'immobilité. Dans les systèmes plus ou moins déformables de points matériels soumis à des actions mutuelles, on démontre en mécanique que ces actions ne sauraient modifier en rien la position du centre de gravité. Si, par exemple, on conçoit qu'une bombe décrivant sa tra-jectoire parabolique, vienne à éclater, le centre de gravité du sys-tème continue son mouvement sans altération. Toutefois la résis-tance de l'air constitue une force extérieure qui peut modifier ce résultat. Les actions musculaires appartiennent à la classe des actions mutuelles. Les animaux ne peuvent donc déplacer leur centre de gravité qu'en prenant un point d'appui qui fasse naître une force extérieure au système qu'ils forment.

51. Comme application utile du principe dont nous nous occupons, nous dirons quelques mots de la force centrifuge.

Concevons un point matériel A (fig. 26), attaché à l'extrémité
d'un fil OA et auquel on donne une impulsion dans un certain plan;
à chaque instant le point tend à se
mouvoir suivant la tangente au cercle
OA; mais le fil empêche ce mouvement
de se produire en tirant le point qui
réagit à son tour sur lui, et lui imprime une certaine tension à laquelle
on a donné le nom de *force centrifuge*.
Il est aisé de voir que le fil pourrait
être remplacé par une force convenable
émanant du point O; la tension est
donc égale à cette force elle-même que

Fig. 26.

l'on appelle force centripète. Si la cohésion des molécules du
fil est inférieure à cette force, il y aura rupture; et à partir de
ce moment le point matériel s'échappera suivant la tangente ou
cercle. Il est facile de calculer la valeur de la force centripète dans
le cercle. Supposons qu'à un certain moment le point A soit uniquement soumis à la vitesse acquise, il se mouvrait suivant la
tangente et décrirait, dans un certain temps t, un espace AB. S'il
était seulement soumis à l'action de la force centripète, il parcour-
rait dans le même temps l'espace AD; sous l'action simultanée
de cette dernière force et de l'impulsion, il parcourra l'arc AC; le
point C étant le sommet du rectangle construit sur AD et sur AB.
Or, l'arc AC $=$ Vt, V étant la vitesse du point. D'autre part, la
force centripète peut être considérée comme constante pendant le
temps t; on aura donc, en désignant par x son accélération,
AD $= \dfrac{x t^2}{2}$. Mais l'arc AC étant très-petit, on peut le confondre
avec sa corde, ce qui donne $\overline{AC}^2 = $ AD.$2r$, r étant le rayon du
cercle, d'où $v^2 t^2 = x r t^2$, et par suite $x = \dfrac{v^2}{r}$.

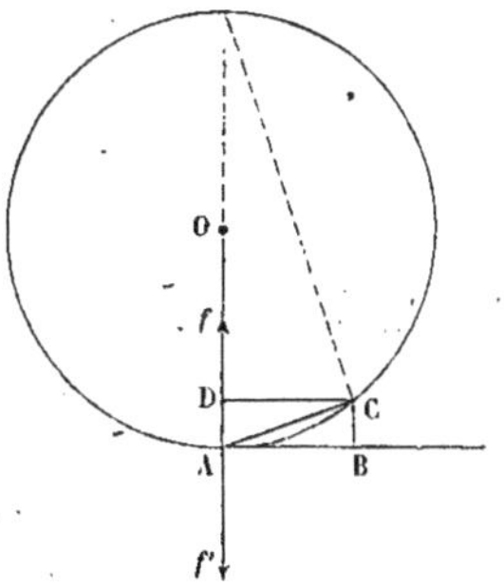

C'est là l'expression de la force centripète et par suite de la force centrifuge qui lui est égale. Si le mouvement du point sur le cercle est uniforme, en désignant par T la durée d'une révolution,

$$v = \frac{2\pi r}{T}, \text{ d'où } x = \frac{4\pi^2 r}{T^2}.$$

Cherchons par exemple la valeur de la force centrifuge à l'équateur. Dans ce cas T = 86164''; $2\pi r = 40000000$ d'où $\frac{4\pi^2 r}{T^2 y} = \frac{1}{289}$ environ, ce qui nous apprend que la force centrifuge à l'équateur est environ $\frac{1}{289}$ de la pesanteur.

On se fait souvent une idée erronée de la force centrifuge, en s'imaginant qu'elle est appliquée au corps et tend à l'éloigner du centre du cercle décrit par lui : en réalité il n'en est rien. Tout point matériel, en vertu de l'inertie de la matière, tend à se mouvoir suivant une direction rectiligne. Si des liens physiques empêchent ce mouvement de se produire, il en résultera, pour ces liens eux-mêmes, des pressions ou des tractions qui sont l'origine de ce qu'on a appelé la force centrifuge. Qu'on suppose, par exemple, un wagon se mouvant le long d'un rail curviligne; à chaque instant, en vertu de la propulsion de la vapeur, il tend à se mouvoir en ligne droite; mais la courbure de la voie s'opposant à ce qu'il en soit ainsi, le rail est pressé avec une force qui peut devenir très-intense, si la courbure est très-prononcée; et si la vitesse est considérable, on conçoit que cette pression puisse croître jusqu'à amener le déraillement. On voit ainsi la nécessité d'éviter sur les chemins de fer les courbures trop fortes. Excepté dans des cas particuliers, ou dans le voisinage des gares, les circonférences formées par les rails n'ont pas moins de 1000 mètres de rayon.

On peut du reste, de la manière suivante, introduire la force centrifuge proprement dite, afin de se rendre compte des modifications éprouvées par les liens physiques. Appliquons au point A (fig. 26) deux forces contraires, Af, Af'', et égales à la force centripète, l'état du système ne sera pas changé. Or, la force Af

suffisant pour produire le mouvement de rotation, il reste la
force Af' dont l'effet est de diminuer la cohésion des molécules,
du fil.

32. *Choc des corps.* L'analyse des phénomènes qui se passent,
quand deux corps viennent à se choquer, est une des parties les
plus délicates de la mécanique. Nous nous bornerons ici à faire
connaître quelques formules très-simples qui donnent la vitesse
après le choc, les vitesses primitives étant supposées connues.
Concevons d'abord deux sphères parfaitement ductiles, animées
de vitesses V et V', suivant une ligne droite passant par leurs centres; au moment du choc il se produira, entre les corps, des
actions mutuelles, et le système éprouvera une déformation due
à la ductilité. Le mouvement du centre de gravité des deux masses
n'éprouvera du reste aucune altération, et la compression cessera
lorsque toutes les parties du système auront une vitesse égale à
celle de ce centre lui-même. A partir de ce moment, les deux
corps n'en formeront plus qu'un qui se mouvra avec cette vitesse
constante que nous désignerons par x. La quantité de mouvement
après le choc sera en désignant par M et M' les masses des corps qui
se choquent $(M + M')x$; cette quantité doit être égale à la somme
ou à la différence des quantités de mouvement avant le choc,
suivant que le mouvement a lieu dans le même sens ou en sens
contraire. On aura donc $(M + M')x = MV \pm M'V'$ d'où

$$x = \frac{MV \pm M'V'}{M + M'}.$$

Considérons actuellement le choc de deux sphères parfaitement
élastiques; dans ce cas, il y aura aussi compression jusqu'à ce
que tout le système ait la vitesse x; mais à partir de ce moment,
l'élasticité, en rétablissant la forme primitive de chacune des
sphères, leur communiquera une certaine vitesse qui sera précisément égale à la variation produite par la compression elle-même.
Supposons, par exemple, que les deux sphères se meuvent dans
le même sens avec les vitesses v et v', la vitesse de la boule choquante y, dans le sens de son mouvement primitif, sera égale à

$x - (v - x) = 2x - v$. Celle de la bille choquée z sera égale à $x + x - v' = 2x - v'$; on aura donc en remplaçant x par la valeur

$$y = \frac{2m'v' + (m - m')v}{m + m'} \qquad z = \frac{2mv + (m' - m)v'}{m + m'}$$

formules faciles à discuter.

Supposons, par exemple, les deux boules égales, on a $y = v'$, $z = v$, c'est-à-dire, qu'il y a échange de vitesse; si, par exemple, la bille choquée est en repos, elle prend la vitesse de la bille choquante, qui elle-même reste en repos.

Lorsqu'on a une série de billes d'ivoire égales, placées à la suite l'une de l'autre, et qu'on vient à choquer la première avec une bille égale, la dernière seulement se met en mouvement; c'est que chacune d'elles est successivement réduite au repos. Si l'on choque avec deux billes, les deux dernières entrent en mouvement, et ainsi de suite.

Ces diverses conséquences se vérifient assez bien, à l'aide d'un appareil qu'on trouve dans les cabinets de physique, et qui se compose d'un certain nombre de billes d'ivoire suspendues par des fils de même longueur. Si l'on voulait passer du cas simple du choc central au cas du choc excentrique, et surtout si l'on tenait compte du frottement, pour expliquer, par exemple, les effets du jeu de billard, la théorie deviendrait alors des plus compliquées et demanderait toutes les ressources de l'analyse. Il existe sur ce point un savant ouvrage de Coriolis (*Théorie mathématique du jeu de billard*). Il importe de remarquer que la communication du mouvement par le choc n'est pas instantanée; elle dure un certain temps, très-court il est vrai, mais réel, et variable d'ailleurs avec la nature des substances. Il résulte de là que si la vitesse du projectile est très-considérable, les points directement choqués seront seuls déplacés. C'est là la cause de phénomènes bien connus. Ainsi, on sait qu'on peut, d'un mouvement rapide, abattre avec une baguette les sommités de tiges de plantes, tandis que celles-ci s'infléchissent à peine. Un boulet de canon peut emporter l'extrémité du fusil d'un fantassin sans que ce dernier s'en aperçoive; une balle arrivant, avec toute sa vitesse, sur une vitre, y fait un trou rond, tandis qu'elle la brise en éclats si la vitesse est moins considérable.

CHAPITRE VII

Lois générales du mouvement uniformément accéléré. — Applications.

35. Nous avons vu, dans la chute des corps pesants, l'exemple d'un mouvement produit par une force constante; on donne à ce genre de mouvement le nom de mouvement uniformément accéléré; il est défini par une valeur constante de l'accélération.

Lorsque le corps part de l'état de repos, les éléments caractéristiques du mouvement sont donnés par les formules :

$$[1] \quad e = \frac{gt^2}{2}, \qquad [2] \quad v = gt, \qquad [3] \quad v = \sqrt{2gh},$$

dont la troisième est une conséquence algébrique des deux autres. On désigne par g l'accélération de la force constante, ou, comme on dit quelquefois improprement, l'intensité de cette force.

Supposons maintenant que le mobile possède une vitesse initiale a, l'effet de la force étant indépendant du mouvement intérieur du mobile, on aura pour l'espace et la vitesse les relations :

$$[4] \quad e = at \pm \frac{gt^2}{2}. \qquad [5] \quad v = a \pm gt.$$

Le signe + correspond au cas où la force constante agit dans le sens de la vitesse initiale, le signe — au cas où elle agit en sens opposé.

Supposons, par exemple, qu'il s'agisse d'un corps lancé verticalement de bas en haut, et qu'on demande la hauteur à laquelle il parviendra; on fait abstraction de la résistance de l'air. Dans ce cas il faut prendre le signe — dans les formules [4] et [5]. Au point le plus haut, la vitesse étant nulle $a = gt$, d'où $t = \frac{a}{g}$, ce qui donne pour la hauteur $e = \dfrac{a^2}{g} - \dfrac{a^2}{2g} = \dfrac{a^2}{2g}$. Lorsque le corps retom-

bant de cette hauteur atteindra de nouveau le sol, la vitesse sera

égale à $\sqrt{2g\dfrac{a^2}{2g}} = a$, c'est-à-dire, la vitesse primitive. On peut

remarquer aussi que la durée de la période ascendante est la

même que celle de la période descendante, ce qui est conforme au

résultat précédent. Plus généralement, soit qu'il monte, soit

qu'il descende, à la même hauteur, le mobile a des vitesses égales

et de sens contraire. En effet, éliminant t entre les équations [4] et

[5], on a, pour la vitesse du mobile parvenu à la hauteur e,

$$[6] \quad v^2 = a^2 - 2ge.$$

Lorsque le mobile descendant est à une distance e du sol, il a par-

couru un espace égal à $\dfrac{a^2}{2g} - e$; la vitesse est donc, d'après la

formule [3] $\sqrt{2g\left(\dfrac{a^2}{2g} - e\right)} = \sqrt{a^2 - 2ge}$, valeur qui coïncide

avec celle que donne l'équation [6].

54. Nous allons encore appliquer les formules du mouve-

ment uniformément accéléré à l'étude du mouvement d'un pro-

jectile lancé suivant une direction oblique à l'horizon; nous sup-

posons toujours qu'on fasse abstraction de la résistance de l'air.

Soit OA (fig. 27) la direction de l'impulsion et a son intensité;

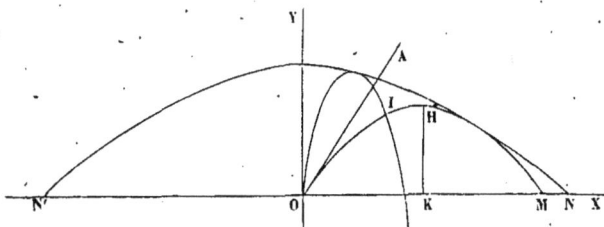

Fig. 27.

cette vitesse a peut se décomposer en deux; l'une horizontale,

l'autre verticale, et égales respectivement à $a\cos\alpha$, $a\sin\alpha$. Chacune

4

des composantes produisant son effet sur le mobile, les coordonnées de celui-ci, au bout du temps t, auront pour expression :

$$x = at \cos\alpha. \qquad y = at \sin\alpha. - \frac{gt^2}{2}.$$

Éliminant t entre ces équations, on a pour l'équation de la trajectoire suivie par le mobile

$$y = x tg\alpha - \frac{2a^2 \cos^2\alpha}{g} x^2$$

c'est une parabole dont l'axe est parallèle à OY. *L'amplitude du jet*
OM est égale à $\dfrac{2a^2 \sin\alpha \cos\alpha}{g}$; elle est maximum pour $\alpha = 45°$.
La hauteur HK, à laquelle parvient le mobile, est l'ordonnée
même du sommet de la parabole et égale à $\dfrac{a^2}{2g} \sin\alpha$.

Si l'on veut déterminer l'angle σ de façon que la trajectoire passe
par un point dont les coordonnées sont connues, x' y', il suffira
de résoudre, par rapport à α, l'équation

$$y' = x' tg\,\alpha - \frac{g}{2a^2 \cos.^2\alpha} x'^2$$

de laquelle on tire

$$tg\alpha = \frac{a^2 \pm \sqrt{a^4 - g^2 x'^2 - 2a^2 gy'}}{gx'}.$$

On voit ainsi que pour tous les points qui sont tels que

$$a^4 - g^2 x'^2 - 2 a^2 gy' > 0,$$

il y a deux trajectoires qui les atteignent. Ces deux courbes sont
inégalement surhaissées, l'une est la parabole pour *abattre*,
l'autre la parabole pour *écraser*. Pour tous les points tels que

$$a^4 - g^2 x'^2 - 2a^2 gy' < 0,$$

la valeur de $tg\,\alpha$ est imaginaire; on voit donc que si on construit
la courbe

$$a^4 - g^2 x'^2 - 2a^2 gy' = 0 \quad [a],$$

qui est une parabole ayant pour axe l'axe des y, et $\dfrac{a^2}{2g}$ pour ordonnée du sommet, tous les points intérieurs tels que I pourront être atteints par deux trajectoires, tandis que les points extérieurs ne sauraient l'être pour aucune valeur de x. De là le nom de parabole de sûreté que reçoit la courbe [a].

La parabole de sûreté est aussi le lieu des intersections successives des différentes paraboles, quand on fait varier a d'une manière continue. Il suffit, pour s'en assurer, d'écrire l'équation (a) sous la forme suivante :

$$ y = x \, tg\alpha - \frac{gx^2}{2a^2} (1 + tg^2\alpha) $$

et de prendre la dérivée par rapport à $tg\alpha$, ce qui donne

$$ tg\alpha = \frac{a^2}{gx}. $$

Éliminant $tg\alpha$ entre ces deux dernières équations, ce qui est, comme on sait, la méthode ordinaire des intersections successives, il vient

$$ a^4 - g^2x^2 - 2a^2gy = 0, $$

équation de la parabole de sûreté.

CHAPITRE VIII

Pendule. — Loi de l'isochronisme des petites oscillations. — Application à la mesure du temps.

35. On désigne sous le nom de pendule un corps pesant m (fig. 28), suspendu à un fil, et mobile autour d'un point fixe o. Quelquefois la masse pesante M (fig. 29) est fixée à une règle rigide AB, qui est mobile autour d'un axe horizontal O. Dans l'un et l'autre cas, l'appareil est en équilibre lorsque la verticale menée par le centre de gravité rencontre l'axe ou le point de suspension. Si l'on vient à écarter le pendule de cette position, il y revient, en exécutant autour d'elle une série d'oscillations dont l'amplitude va continuellement en décroissant, par suite des résistances diverses

qu'éprouve le mouvement, notamment la résistance de l'air et le
frottement de l'axe de suspension sur
ses appuis.

56. Galilée a étudié avec soin le mouvement du pendule, et il a reconnu que,
tant que l'amplitude des oscillations
n'est pas considérable, leur durée est
sensiblement la même. On peut vérifier
cet isochronisme par une expérience
bien simple; il suffit de mesurer la
durée totale d'un très-grand nombre
d'oscillations, et d'en déduire la durée
moyenne de l'une d'elles. On trouve
ainsi un nombre constant, quelle que
soit l'amplitude, pourvu toutefois que
celle-ci soit très-petite, qu'elle ne dépasse pas,
par exemple, 15° ou 20°. Cette vérification est
d'autant plus précise que l'on compte un nombre
plus considérable d'oscillations ; car l'erreur

Fig. 28.

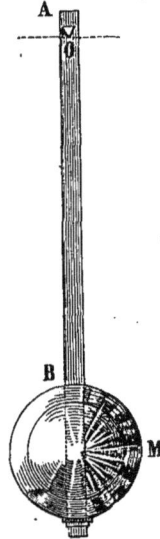

Fig. 29.

inévitable du commencement et de la fin de l'observation se trouve
répartie sur un plus grand nombre de termes.

On peut se dispenser, pour calculer la durée moyenne de l'oscillation d'un pendule, d'en compter directement un certain nombre,
à l'aide de la méthode suivante : on place le pendule d'observation
en face du pendule d'une horloge dont la marche est connue, et
on observe les instants successifs où les deux pendules passent
ensemble dans la verticale et dans le même sens. Il est clair que si
la différence de la durée de leurs oscillations n'est pas considérable, entre deux coïncidences, celui des deux qui va le plus vite
aura fait deux oscillations de plus; si donc on note exactement
l'heure de deux coïncidences consécutives, on connaîtra le nombre
n des oscillations du pendule de l'horloge, et par conséquent celui
du pendule d'observation sera $n \pm 2$. La durée moyenne de l'une
d'elles sera donc égale au quotient de l'intervalle de temps qui
sépare deux coïncidences par $n \pm 2$.

Ordinairement on calcule, au lieu de la durée moyenne, le nombre des oscillations exécutées pendant un temps donné, par exemple, pendant 24 heures. Si on appelle N le nombre nécessairement connu des oscillations du pendule de l'horloge, le nombre correspondant du pendule d'observation sera donné par la relation

$$\frac{n}{n \pm 2} = \frac{N}{x} \quad \text{d'où} \quad x = \frac{N(n \pm 2)}{n}.$$

La durée de l'oscillation d'un pendule augmente ou diminue suivant que la longueur devient plus ou moins considérable; il suffit de l'observation la plus légère pour reconnaître ce fait. C'est pour cela que les horloges qui, comme nous le dirons tout à l'heure se règlent à l'aide du pendule, retardent en été et avancent en hiver. Dans le premier cas, en effet, la longueur du pendule augmente et diminue dans le second. Avec un pendule semblable à celui de la fig. 28, on peut reconnaître, de plus, que la durée de l'oscillation est sensiblement proportionnelle à la racine carrée de la longueur du fil. Ainsi, sachant que la longueur du pendule qui bat la seconde est à Paris de $0^m,994$, si on veut connaître la durée de l'oscillation d'un pendule qui aurait 64 mètres de longueur (c'était à peu près la longueur du pendule établi par M. Foucault, au Panthéon, dans ses expériences célèbres sur la rotation de la terre), il suffira de poser

$$\frac{x}{1} = \frac{\sqrt{64}}{\sqrt{0,994}} \quad \text{d'où} \quad x = 8'' \text{ environ.}$$

37. L'isochronisme des oscillations du pendule est le point de départ de son application à la régularisation des horloges. Une horloge est formée, en général, par un ensemble de roues d'engrenages qui sont mises en mouvement par un poids ou par un ressort. Si le moteur agissait seul, outre que le mouvement serait irrégulier, il s'exécuterait dans un temps trop court pour qu'il pût être d'une utilité véritable; on est donc obligé d'employer un régulateur qui ralentisse et régularise le mouvement du moteur. On pourrait obtenir ce résultat à l'aide d'ailettes offrant à l'air une assez grande surface; comme la résistance de ce fluide croît pro-

portionnellement au carré de la vitesse, il arriverait un instant où elle serait égale à l'action du moteur, et alors le mouvement serait uniforme. C'est la disposition que nous avons vue plus haut dans l'appareil de M. Morin; c'est aussi celle que l'on emploie dans les tournebroches, qui sont des espèces d'horloges de construction grossière. Mais à cause des mouvements variables qui se produisent dans la masse d'air, ce mode de régularisation est très-défectueux. Dans les horloges proprement dites, on emploie comme régulateur le pendule.

L'une des roues A de l'horloge (fig. 30), qu'on nomme *roue d'échappement*, et dont toutes les dents sont inclinées dans le même sens, comme le montre la figure, se meut au-dessous d'une pièce OMN, qu'on appelle *ancre*, laquelle reçoit du pendule un mouvement d'oscillation autour du point O. Les extrémités de l'ancre sont terminées par deux facettes planes *ab*, *cd*, inclinées dans le même sens; les dimensions de l'appareil sont telles d'ailleurs que, lorsque le pendule est vertical, les deux extrémités de l'ancre sont en contact avec deux des dents de la roue, dont le mouvement se trouve ainsi suspendu malgré l'action du moteur. Mais si le pendule vient à osciller, à chaque oscillation une dent passe alternativement d'un côté et de l'autre, et par conséquent le mouvement de la roue se compose de périodes qui ont une même durée, car c'est précisément celle de l'oscillation du pendule. Les facettes *ab*, *cd*, ont une importance considérable. On voit en

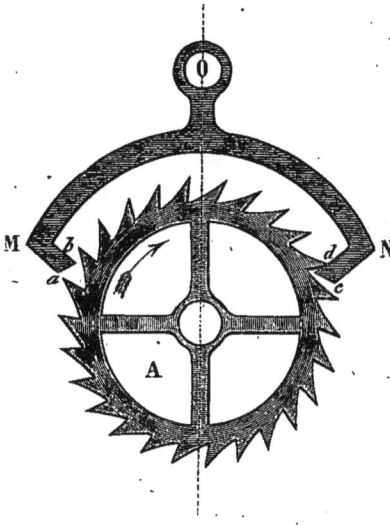

Fig. 30.

effet, d'après leur disposition, que, pendant que les dents glissent
sur elles, elles exercent une pression dans le sens du mouvement
actuel du pendule; il en résulte que celui-ci recouvre à chaque
instant la portion de vitesse que la résistance de l'air, le frottement
au point de suspension et l'arrêt périodique du moteur lui enlèvent.
On voit donc que le pendule régularise l'action du moteur, tandis
que celui-ci entretient le mouvement du pendule, qui, sans lui,
ne tarderait pas à s'arrêter.

CHAPITRE IX

Lois du mouvement du pendule simple. — Application à la mesure de l'intensité
de la pesanteur.

38. On appelle *pendule simple* un point matériel pesant
(fig. 31) suspendu à l'extrémité d'un fil inextensible et sans
pesanteur. Si l'on écarte le fil
d'un certain angle α de sa position d'équilibre de manière à porter le point A en A', on pourra
décomposer l'action de la pesanteur en deux, dont l'une dirigée
suivant la tangente est égale à g
$\sin\alpha$, et produit le mouvement.
On voit que cette force diminue
à mesure que le point s'approche
de A où elle est nulle; mais en
vertu de la vitesse acquise, il

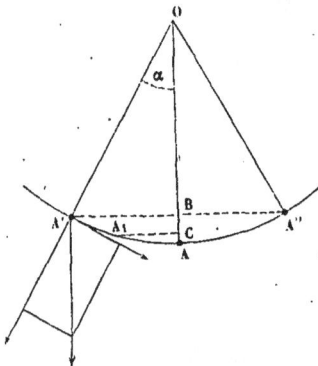

Fig. 31.

s'élève de l'autre côté jusqu'en un point A'', situé à la même hauteur que A', d'où il redescend pour exécuter une série d'oscillations d'égale amplitude, et par suite d'égale durée.

En considérant seulement le cas où l'amplitude est très-petite,
on peut aisément trouver la durée d'une oscillation.

Soit a la longueur de l'arc AA' et h la hauteur BA; lorsque le pendule sera venu de A′ en A, sa vitesse sera égale à $\sqrt{2gh}$ ('), ou bien en prenant l'arc a pour la corde à $\sqrt{2g.\dfrac{a^2}{2l}} = a\sqrt{\dfrac{g}{l}}$

l étant la longueur du pendule. En un point A₁, situé à une distance x de A la vitesse sera $\sqrt{2g.\text{BC}} = \sqrt{2g\,(h - \text{CA})}$

$= \sqrt{\dfrac{g}{l}\,(a^2 - x^2)}$. Cela posé sur une ligne droite MN (fig. 32),

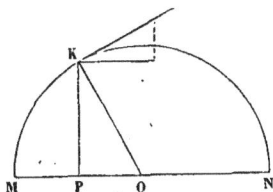

Fig. 32.

égale à $2a$, décrivons une demi-circonférence, et supposons qu'un point matériel se meuve sur elle d'un mouvement uniforme avec une vitesse égale à $a\sqrt{\dfrac{g}{l}}$, en même temps qu'un autre point se meut sur MN, avec les vitesses successives que possède le pendule; ces deux points, partis ensemble de M, auront à chaque instant la même vitesse horizontale; car en un point quelconque K correspondant à OP $= x$, la vitesse du pendule est $\sqrt{\dfrac{g}{l}\,(a^2 - x^2)}$,

la composante horizontale, de celle du point K est $a\sqrt{\dfrac{g}{l}}$

$\sin \text{KOP} = \sqrt{\dfrac{g}{e}\,(a^2 - x^2)}$. Il résulte de là que les deux points se trouveront à chaque instant sur une même perpendiculaire à MN; par conséquent la durée de l'oscillation du pendule sera précisément égale au temps employé par le point matériel K à parcourir la demi-circonférence, c'est-à-dire à $\dfrac{\pi a}{a\sqrt{\dfrac{g}{l}}} = \pi\sqrt{\dfrac{l}{g}}$.

('). Lorsqu'un point matériel descend d'une hauteur verticale h, quelle que soit la forme de la courbe suivie par le point, la vitesse acquise est toujours égale à $\sqrt{2gh}$.

On aura donc pour la durée T de l'oscillation du pendule simple :

$$[1] \quad T = \pi \sqrt{\frac{l}{g}}.$$

On voit que la valeur de T est indépendante de l'amplitude, par conséquent les petites oscillations sont isochrones: ce que nous avons reconnu par l'expérience dans le pendule composé. On retrouve aussi la loi que la durée de l'oscillation est proportionnelle à la racine carrée de la longueur du pendule, fait qui se vérifie sensiblement, ainsi que nous l'avons dit plus haut, sur un pendule se rapprochant du pendule simple. On peut aussi exprimer la vitesse du pendule en un point quelconque en fonction du temps. En effet, cette vitesse au point P correspondant à A_1, est égale à

$$a \sqrt{\frac{g}{l}} \sin KOP = a \sqrt{\frac{g}{l}} \sin \frac{MK}{OK}; \text{ or } MK = ta \sqrt{\frac{g}{l}}, \text{ d'où :}$$

$$v = a \sqrt{\frac{g}{l}} \sin \pi \frac{l}{T} = A \sin \pi \frac{l}{T},$$

A désignant une quantité constante. Cette formule est employée dans un grand nombre de questions de physique relatives aux mouvements vibratoires.

59. La formule [1] fournit une relation très-simple, de laquelle on peut déduire la valeur de $g = \dfrac{\pi^2 l}{T^2}$. Si donc on pouvait faire osciller un pendule simple, il suffirait de compter le nombre des oscillations dans un temps donné pour qu'on pût en tirer la valeur de l'accélération de la pesanteur dans le lieu où se ferait l'expérience. Mais le pendule simple est un appareil idéal dont on peut seulement se rapprocher plus ou moins; en réalité, tous les pendules que l'on emploie sont des pendules composés. Il est facile de faire voir toutefois qu'il existe toujours un pendule simple, dont la durée d'oscillation est la même que celle d'un pendule composé quelconque : c'est ce que l'on appelle le pendule simple correspondant. Soit en effet (fig. 33) un pendule composé mobile autour de l'axe AB : si les molécules très-voisines de l'axe lui étaient seules

liées par un fil inextensible, de manière à former un pendule
simple, elles oscilleraient avec une cer-
taine vitesse, qui serait donnée par les
formules précédentes. Les molécules éloi-
gnées, supposées dans les mêmes conditions, oscilleraient avec une vitesse plus
petite. Or tous les points du pendule étant
invariablement liés entre eux, il s'établit
pour tous une oscillation commune dont la
vitesse est intermédiaire entre celle qu'auraient les molécules très-rapprochées, et
celle des molécules très-éloignées de l'axe de rotation. La durée
effective de l'oscillation est donc celle qu'auraient des molécules
telles que A′B′, situées sur une droite parallèle à l'axe, si elles
oscillaient librement et si elles formaient chacune un pendule,
d'une longueur égale à OO′. Cette longueur est la longueur du
pendule simple correspondant au pendule composé. La ligne A′B′
porte le nom d'axe d'oscillation. On démontre en mécanique que l'axe de suspension et l'axe d'oscillation sont
réciproques; de façon que la durée de l'oscillation est la
même qu'elle ait lieu autour de l'une ou l'autre de ces
droites.

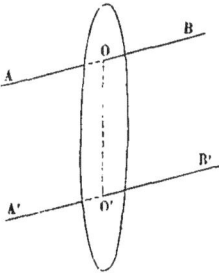

40. Il résulte des explications précédentes que l'on
pourra se servir d'un pendule composé quelconque pour
déterminer la valeur de g, seulement il faudra mettre à la
place de l, dans la formule, la longueur du pendule
simple correspondant. Pour trouver cette longueur, on
emploie deux méthodes distinctes :

1° On se fonde sur la réciprocité de l'axe de suspension
et de l'axe d'oscillation, et on emploie le *pendule réciproque*, dont la première idée est due à de Prony. Il se
compose d'une règle métallique AB (fig. 34), munie de
deux couteaux de suspension o et o'. L'un d'eux o est
fixe, l'autre o' peut être arrêté aux différents points
d'une rainure sur les bords de laquelle se trouve une gra-

Fig. 33.

Fig. 34.

duation. Après avoir fait osciller le pendule autour du premier axe, on le fait osciller autour du second, et on fait varier sa position jusqu'à ce que la durée de l'oscillation soit la même dans les deux cas ; l'axe o' est alors l'axe d'oscillation, et la longueur du pendule simple est la distance qui sépare les arêtes des deux couteaux. On connaît la distance du couteau fixe à l'origine de la graduation : on n'a donc qu'à faire une simple lecture. Afin de diminuer l'influence des variations de température, on fait quelquefois la tige du pendule réciproque en bois; ce sont des fragments assemblés de façon que la tige du pendule soit perpendiculaire aux fibres.

2° On peut employer la méthode qu'ont suivie Borda, Biot, etc., et qui consiste à prendre un pendule formé d'un fil très-fin, supportant à son extrémité inférieure une sphère. Dans le pendule de Borda, la sphère était maintenue, par l'adhérence seule, contre les parois d'une calotte sphérique fixée à l'extrémité du fil. Cette disposition permettait de faire facilement des expériences avec des pendules de diverses substances; il suffisait d'avoir pour cela quelques sphères de nature différente, mais d'un même diamètre, qu'on remplaçait les unes par les autres.

Quant à la longueur du pendule simple, dans cette disposition très-symétrique de l'appareil, on démontre qu'elle est sensiblement donnée par la formule $l = L + \dfrac{2R^2}{5L}$, R étant le rayon de la boule et L la longueur du fil.

Avant de pouvoir se servir de la formule qui donne la valeur de g en fonction de la longueur du pendule, il est nécessaire de lui faire subir un certain nombre de corrections, qui sont du reste assez délicates et que l'on trouvera développées dans les ouvrages relatifs à la figure de la terre. Nous nous bornerons à les énumérer ici rapidement :

1° L'amplitude n'est jamais assez petite pour qu'on puisse considérer la formule comme suffisamment exacte; de là la nécessité d'une correction, qui suppose qu'on en observe les variations pendant la durée de l'expérience.

2° L'air modifie la durée de l'oscillation en diminuant le poids
du pendule, d'une part, et aussi à cause de la résistance spéciale
qu'il oppose au mouvement. On a donc à faire une double correction, dont la première est fort simple; mais la seconde est au contraire fort délicate.

3° Le but essentiel des observations du pendule étant la recherche
des variations de l'intensité de la pesanteur qui tiennent à la
figure de la terre, il faut se mettre à l'abri de celles qui pourraient tenir à une autre cause, par exemple l'altitude du lieu
où l'on observe. C'est pour cela que l'on doit ramener le nombre
des oscillations à celui que l'on aurait observé au niveau de la
mer.

4° Enfin nous remarquerons que, dans les mesures des dimensions du pendule, on devra observer avec soin la température,
afin de pouvoir faire les corrections nécessitées par la variation de
longueur des règles divisées servant à cette détermination.

41. L'ensemble des observations faites en différents lieux avec
le pendule a conduit à cette conséquence générale, que l'intensité
de la pesanteur varie d'un lieu à un autre, et diminue en général
avec la latitude. Cette conséquence est d'accord avec la figure de
la terre et avec l'action de la force centrifuge. On a reconnu en
effet que la terre est un sphéroïde renflé vers l'équateur; la distance au centre augmente donc quand on s'approche de cette
ligne, et par suite l'intensité de la pesanteur diminue. Quant à la
force centrifuge, nous avons vu plus haut qu'à l'équateur elle est
égale environ à $\frac{1}{289}$ de la pesanteur; or, comme les deux forces
sont égales, il s'ensuit que l'accélération g à l'équateur est diminuée d'environ $\frac{1}{289}$ de sa propre valeur. En tout autre point M
(fig. 35), l'intensité de la force centrifuge est plus faible, car la
vitesse de rotation est plus petite. En outre, ce n'est pas de toute
sa valeur, mais seulement de la composante suivant MT, qu'elle
diminue la pesanteur; cette diminution est donc d'autant plus
faible qu'on s'approche davantage des pôles. Soit l la latitude du

point M, la force centrifuge est égale à $\dfrac{u^2}{\mathrm{KM}}$, u étant la vitesse de rotation du point M. Or, si V est la vitesse à l'équateur, $\dfrac{\mathrm{V}}{u} = \dfrac{r}{\mathrm{KM}}$, r étant le rayon de l'équateur,

d'où $u^2 = \dfrac{\overline{\mathrm{KM}}^2 . \mathrm{V}^2}{r^2}$ et par suite l'expression de la force centrifuge en M est $\dfrac{\mathrm{KMV}^2}{r^2} = \dfrac{\mathrm{V}^2}{r} \cos l$. La composante suivant MT sera

donc $\dfrac{\mathrm{V}^2}{r} \cos^2 l$. Mais $\dfrac{\mathrm{V}^2}{r}$ étant

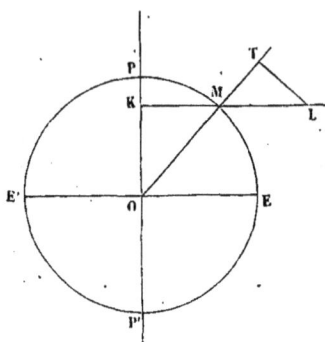

Fig. 35.

environ $\dfrac{1}{289}$ de g, il s'ensuit qu'en un point quelconque dont la latitude est l, l'accélération de la pesanteur aura pour expression $g \left(1 - \dfrac{1}{289} \cos^2 l\right)$. Dans cette formule, qui n'est d'ailleurs qu'approchée, on peut supposer que g représente le nombre, $9^m,8088$, qui est la valeur propre à la latitude de Paris.

On constate aussi à l'aide du pendule que, dans le même lieu, l'accélération imprimée par la pesanteur est entièrement indépendante de la nature des corps; car on reconnaît qu'en employant diverses substances pour former la boule du pendule, on trouve toujours la même durée d'oscillation, et par suite la même valeur de g.

42. La formule $\mathrm{T} = \pi . \sqrt{\dfrac{l}{g}}$ que nous avons trouvée pour la durée de l'oscillation d'un pendule simple, conviendrait également dans tous les cas où les conditions qui produisent le mouvement seraient les mêmes. Ces conditions sont faciles à préciser; on voit en effet qu'il suffit que la direction de la force soit constante et parallèle à elle-même dans toutes les positions du corps oscillant. Quand il en est ainsi, la force qui tend à ramener le corps à sa position d'équilibre est proportionnelle au sinus de l'angle d'écartement, et l'on se trouve par conséquent dans les conditions du pendule simple. Nous verrons plus loin quelques applications de cette remarque.

CHAPITRE X

Identité de la pesanteur et de l'attraction universelle.

43. En observant avec une incomparable sagacité et pendant de longues années les mouvements des planètes, Kepler reconnut les trois célèbres lois qui portent son nom et que nous rappellerons ici :

1° Les planètes décrivent des ellipses dont le soleil occupe un des foyers.

2° Les aires décrites par le rayon vecteur d'une planète sont proportionnels aux temps.

3° Les carrés des temps des révolutions de deux planètes sont proportionnels aux cubes des grands axes de leurs orbites.

Ces trois lois définissent avec une admirable simplicité le mécanisme du mouvement des planètes autour du soleil. La première indique la nature de la trajectoire ; la seconde, la loi générale du mouvement sur cette trajectoire elle-même ; enfin la troisième établit un rapport entre les mouvements des différentes parties de notre système solaire.

Newton eut la gloire de substituer aux lois de Kepler, une loi plus étendue dont les premières devenaient de simples conséquences. Il démontra en effet que les mouvements des planètes s'expliquent avec une grande netteté, en admettant que la planète est attirée par le soleil, que cette attraction a la même valeur pour toutes les planètes, à l'unité de distance ; mais qu'elle varie en raison inverse du carré de la distance au soleil.

Il suffit dès lors de combiner cette force attractive du soleil avec une impulsion primitive donnée à la planète, pour expliquer le

mouvement de celle-ci; on reconnaît de la sorte que ce mouvement doit satisfaire aux lois de Kepler. Donnant enfin le dernier
degré de précision et de simplicité à cette grande loi de la nature,
Newton fut conduit à poser en principe que deux molécules matérielles s'attirent mutuellement suivant la ligne droite qui les joint,
proportionnellement à leur masse et en raison inverse du carré de
leur distance. Si m et m' désignent les masses des molécules,
r leur distance et f une quantité constante pour toutes les substances, représentant l'attraction de deux masses égales à l'unité,
et dont tous les points seraient supposés placés à l'unité de distance,
l'attraction mutuelle des molécules est $\dfrac{fmm'}{r^2}$. C'est là le principe
de la gravitation universelle. A l'aide de ce principe, l'étude des
mouvements des astres devient une partie de la mécanique, qui, à
raison de son objet spécial, a reçu le nom de mécanique céleste.

44. Il est, d'après cela, tout naturel de considérer la pesanteur
comme un cas particulier de l'attraction universelle; d'ailleurs les
preuves de cette identité sont surabondantes. Ainsi on a constaté
en fait, qu'à la surface de la terre, les molécules s'attirent. C'est
la cause qui, dans le voisinage des montagnes, fait dévier le fil à
plomb. Cavendish, à l'aide d'un appareil extrêmement sensible, a
mis en évidence l'attraction de deux grosses sphères de plomb, pour
des sphères plus petites; il a même déduit de cette action comparée
à celle qu'exerce le globe, la densité moyenne de celui-ci. En supposant donc que la pesanteur ne soit que la résultante des actions
attractives des diverses molécules du globe, sur un point extérieur,
la mécanique nous apprend que cette résultante est la même que
si toute la masse du globe était réunie à son centre; conclusion
parfaitement conforme à ce fait, que toutes les verticales con-
courent au centre de la terre. On voit en outre que l'intensité de
la pesanteur doit dépendre de la distance au centre du globe, et
par conséquent augmenter à mesure qu'on s'approche des pôles;
c'est, comme nous l'avons vu dans le chapitre précédent, ce que
l'expérience confirme. En tenant compte de la forme sphéroïdale
du globe et de son mouvement de rotation, on peut même prévoir

à priori avec la plus grande exactitude toutes les circonstances de la variation de la pesanteur à la surface de la terre.

45. Comme application du principe de l'identité de la pesanteur terrestre et de la gravitation universelle, nous pouvons rechercher, par exemple, quelle serait, à la distance de la lune, la valeur de la première force ; nous reconnaîtrons ainsi que c'est précisément l'intensité de la force centripète qui maintient la lune dans son orbite. Désignons par r le rayon terrestre $= 3600000^m$, R la distance moyenne de la lune à la terre, l'intensité g de la pesanteur devient à cette distance $g\,\dfrac{r^2}{R^2}$; mais la force centripète de la lune a pour expression $\dfrac{4\pi^2R}{T^2}$, T étant la durée de la révolution égale à $27^{jours},33$; on doit donc avoir l'égalité

$$g\,\frac{r^2}{R^2} = \frac{4\pi^2R}{T^2}.$$

Or, la distance moyenne de la lune à la terre étant d'environ 60 rayons terrestres, on tire de cette équation

$$g = \frac{R^2}{r^2}\cdot\frac{4\pi^2R}{T^2} = \frac{(60)^3.4\pi^2.3600000}{(3600''.24.27,33)^2}$$

ou en faisant le calcul $g = 9.72$ environ. On voit que c'est une valeur fort approchée de celle que donne l'expérience, et qui est égale à 9,8088, comme nous l'avons vu plus haut. Nous aurions obtenu un résultat plus approché encore si nous avions tenu compte de la masse de la lune, qui n'est point négligeable, car elle est environ $\dfrac{1}{75}$ de celle de la terre. Le calcul précédent a été le point de départ des travaux qui ont conduit Newton à la découverte de la gravitation.

46. La pesanteur n'est donc point, à proprement parler, une force constante, ainsi que nous l'avons supposé : à mesure qu'un corps tombe, la distance au centre de la terre diminue, et par suite la force qui le sollicite augmente ; mais les hauteurs sur lesquelles nous pouvons expérimenter sont tellement petites par rapport au rayon de la terre, que les variations de la force motrice sont absolument négligeables.

L'attraction de la terre pour un point extérieur est donc inversement proportionnelle au carré de la distance au centre. Lorsque le point pénètre dans l'intérieur du sol, la loi change, et l'attraction devient simplement proportionnelle à la distance au centre, de sorte qu'en ce dernier point la résultante attractive est nulle, ce qui est évident *à priori*. Pour démontrer ce fait, nous commencerons d'abord par établir que la résultante des attractions d'une enveloppe sphérique sur un point intérieur est nulle.

Soit EF (fig. 36) une enveloppe sphérique infiniment mince et un point *m* intérieur, attiré par elle conformément à la loi de la gravitation. Faisons passer par *m* un cône d'une ouverture infiniment petite, qui découpe les deux surfaces *ab* et *cd*; les attractions de ces surfaces sur le point *m* sont contraires et mesurées par $\dfrac{f\ \mathrm{surf} ab}{am^2}$, $\dfrac{f\ \mathrm{surf} cd}{dm^2}$; mais on peut considérer *ab* et *cd* comme deux portions

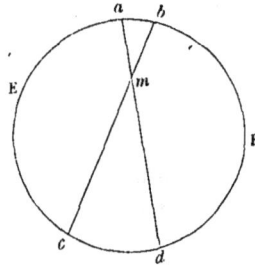

Fig. 36.

de sphères semblables, dont les rayons seraient *am* et *dm*; on a donc $\dfrac{\mathrm{surf} ab}{am^2} = \dfrac{\mathrm{surf} cd}{dm^2}$ et par conséquent les deux attractions se détruisent. Il en serait de même pour tous les autres points de l'enveloppe qu'on déterminerait de la même façon. Donc enfin la résultante totale des attractions sur le point *m* est égale à zéro.

Cela posé, le point qui pénètre dans l'intérieur du sol n'est en réalité soumis qu'à l'attraction de la sphère à la surface de laquelle il se trouve; car les sphères extérieures à celles-là peuvent être considérées comme une série d'enveloppes, dont l'attration sur le point donné est nulle; si donc *r* désigne la distance au centre, l'attraction de la sphère agissante sera proportionnelle à sa masse et en raison inverse du carré de son rayon, elle aura donc pour

expression $f \cdot \frac{4}{3}\pi r^3 : r^2 = \frac{4}{3}\pi fr$, c'est-à-dire qu'elle est proportionnelle à la distance au centre, ainsi que nous l'avons dit.

CHAPITRE XI

De la balance. — Conditions de son exactitude et de sa sensibilité. — Définition
de la densité.

47. La balance se compose essentiellement (fig. 37) d'un levier
rigide, qu'on appelle fléau, mobile autour d'un axe central. Aux

Fig. 37.

deux extrémités du fléau sont suspendus deux plateaux de même
forme et de même dimension. Il résulte de là que si le plan vertical qui contient l'axe partage le fléau en deux parties exactement symétriques, deux poids égaux, placés dans les plateaux, se
feront équilibre; et réciproquement, si deux poids se font équilibre
ils sont égaux : c'est le principe de l'usage si connu de la balance.

48. La symétrie parfaite de l'appareil, par rapport à l'axe, est
une condition fondamentale pour l'exactitude de la pesée. On re-

connaît que cette condition est remplie, lorsque le fléau reste horizontal, les plateaux étant vides et chargés de poids égaux. Si l'on n'a pas deux poids exactement égaux, il suffit de placer un corps quelconque dans l'un des plateaux, et de faire la tare dans l'autre; en changeant les corps de place, le fléau devra rester encore horizontal, si l'appareil est bien symétrique par rapport à l'axe de suspension.

Autant cette condition est facile à remplir approximativement, autant elle est difficile à obtenir d'une manière rigoureuse; aussi, toutes les fois qu'on a besoin d'une grande exactitude, on emploie la méthode de la double pesée. Cette méthode consiste à tarer d'abord le corps avec des substances quelconques, puis à le remplacer par les poids marqués, nécessaires pour rétablir l'équilibre; il est clair que ces derniers, remplaçant le corps dans les mêmes circonstances, ont un poids exactement égal au sien (¹).

49. Indépendamment de la condition que nous venons d'énoncer, il en est d'autres qui se rapportent à la sensibilité de l'instrument. On dit qu'une balance est plus sensible qu'une autre lorsque le fléau étant horizontal, elle s'incline d'un angle plus grand, sous l'influence d'un excédant de poids déterminé, placé dans l'un des plateaux. La sensibilité dépend d'abord du frottement de l'axe contre les appuis; dans les balances de construction soignée, cet axe est formé par l'arête d'un prisme triangulaire en acier très-dur, qui repose sur un plan également d'acier ou d'agate; de cette façon, la rotation s'exécutant autour d'un axe très-délié, les matières étant d'ailleurs très-dures, le frottement est extrêmement faible.

Au point de vue mécanique, la sensibilité dépend de la distance entre le centre de gravité du fléau et le point de suspension. Il faut d'abord, pour que l'équilibre soit stable, que le premier point soit

---

(¹) On a construit des balances dans lesquelles on a pour but d'éviter la double pesée; les dispositions qu'on adopte sont toujours d'un effet incertain, car elles remédient principalement à une différence de longueur des deux côtés du fléau, mais non point au défaut de symétrie qui pourrait exister entre eux.

au-dessous du second ; en second lieu, il n'en doit être que peu éloigné, si l'on veut que la balance ait une grande sensibilité. Soient, en effet (fig. 38), AB l'axe du fléau, O le centre de sus-

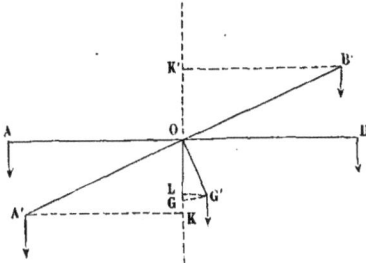

pension, et G le centre de gravité. Si les plateaux étant chargés de deux poids égaux P, on vient à mettre sur l'un d'eux un excès de poids p, la balance s'incli-nera et le fléau prendra une position telle que A'B', dans laquelle l'équilibre ré-sultera de l'accroissement

Fig. 38.

du bras de levier de la force qui est appliquée en G, laquelle est le poids même du fléau.

Désignons par π ce poids, par M celui des plateaux et par α l'angle GOG' ; si l'on prend les moments des forces agissantes par rapport à un plan vertical passant par le point O et perpendicu-laire à AB, la somme de ces moments doit être nulle, ce qui donne la relation

$$(P + p + M) \, A'\bar{K} = (P + M) \, B'K' + \pi . \, G'L$$

ou en supprimant les termes communs,

$$p . A'K = \pi . G'L$$

d'où en appelant l la demi-longueur du fléau et r la distance OG = OG'.

$$pl \cos\alpha = \pi r \sin\alpha$$

d'où enfin

$$\mathrm{tg}\alpha = \frac{pl}{\pi r}. \quad [a]$$

On voit donc que $\mathrm{tg}\alpha$ sera d'autant plus grand, toutes choses égales d'ailleurs, que r sera plus petit, ainsi que nous l'avions indiqué. Il ne faut pas, du reste, que r soit nul, car dans ce cas un excédant de poids quelconque ferait incliner le fléau de toute la quantité que permettrait le mécanisme de suspension, la balance serait *indifférente*. On voit aussi que la sensibilité augmente avec la longueur du fléau, qu'elle diminue avec son poids ; d'où il résulte qu'il y a avantage à faire un levier qui, tout en ayant la rigidité convenable, soit cependant le plus léger possible. A ce point de vue, on peut espérer de très-bons résultats de l'aluminium, dont la densité est très-notablement plus faible que celle du cuivre ou de l'acier, que l'on a employés exclusivement jusqu'ici.

50. La formule [*a*] donne lieu à quelques remarques importantes. On voit que la valeur de tgα est indépendante du poids des plateaux, et de leur charge commune P ; mais cela suppose que les forces P et M sont des forces verticales, agissant toujours à la même distance du point de suspension. On obtient ce résultat en terminant le fléau par deux anneaux dont le bord supérieur est taillé en arête aiguë, sur laquelle repose un crochet qui, à raison de la forme également aiguë de sa partie intérieure, ne le touche que par une surface extrêmement petite. C'est à ce crochet qu'est fixé le plateau ; de cette façon, celui-ci se place toujours verticalement, et son point d'attache au fléau, si l'on a soin de charger les plateaux au centre, se trouve être invariable, et à la plus grande distance possible du point de suspension.

La formule [*a*] suppose encore que les trois points A, B, O, qui sont les points de suspension des plateaux et du fléau, sont en ligne droite ; c'est à cette condition que $A'K = B'K'$, ce qui fait disparaître P de la formule, c'est-à-dire que dans ce cas la sensibilité est indépendante de la charge commune des plateaux.

Si la condition dont nous venons de parler n'était pas remplie, la sensibilité dépendrait de la charge. Dans le cas, par exemple, où les points de suspension des plateaux seraient au-dessus du point de suspension du fléau, lorsque celui-ci s'inclinerait dans un certain sens, la résultante de la charge commune aurait pour effet d'augmenter l'inclinaison, et par conséquent la sensibilité augmenterait avec la charge. Il pourrait même arriver que la balance devînt *folle*, c'est-à-dire que l'équilibre de l'appareil fût instable, si la résultante totale de la charge des plateaux, de leur poids et de celui du fléau, avait son point d'application au-dessus de l'axe de

suspension. Si les points de suspension des plateaux étaient au-
dessous du point de suspension du fléau, la sensibilité diminuerait
au contraire avec la charge.

51. Afin que l'arête du couteau de suspension ne s'émousse
point, par suite de la pression qu'il exerce sur ses appuis, on dispose en général deux fourchettes, qui sont mises en mouvement
par un levier, et soulèvent le fléau lorsqu'on n'a pas à se servir
de l'appareil. Il existe encore dans la balance une pièce fort utile
dans les pesées délicates; c'est une longue aiguille, fixée perpendiculairement au fléau, et dont l'extrémité se meut sur un
petit arc divisé que porte le pied de l'instrument. Lorsque les oscillations de l'aiguille sont à peu près de même amplitude de part et
d'autre du zéro, on peut présumer que l'équilibre est près d'être
établi. On soulève alors le fléau, puis on l'abaisse avec précaution
et on voit si l'aiguille reste au zéro. Selon qu'elle se meut dans un
sens ou dans l'autre, on voit s'il faut ajouter ou enlever des poids.
Nous ajouterons que les balances de précision sont renfermées
dans une cage de verre, où l'on a soin de placer des substances
desséchantes, afin d'empêcher l'action oxydante de l'air, qui,
comme on sait, s'exerce à la température ordinaire sur le fer et le
cuivre, à la faveur de l'humidité.

52. Les diverses conditions dont nous venons de parler, sont
réalisées avec un grand degré d'exactitude dans la balance représentée figure 39, et qui est due à M. Bianchi. Cette balance a été
construite pour peser jusqu'à 25 kilog., à 5 milligrammes près;
mais les procédés de rectification qu'elle comporte, sont susceptibles d'être appliqués à des appareils de moindre dimension. La
colonne centrale est en fonte; le fléau peut être élevé ou abaissé à
l'aide d'un levier mis en mouvement, à cause du poids des pièces,
par un système particulier d'engrenages. Afin de diminuer les
oscillations sans être obligé de soulever le fléau, un autre mécanisme met en mouvement deux supports placés au-dessous des
plateaux, et produit ainsi, d'une façon régulière et sans secousse,
l'opération que l'on fait assez souvent avec la main. La fig. 40
représente le détail de la suspension des plateaux; ceux-ci reposent

par des crochets aigus sur l'arête d'un couteau P, qui peut être
soulevé ou abaissé par le mouvement du plan incliné *ab*. Afin de

Fig. 39.

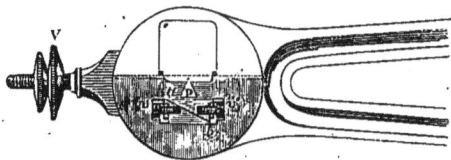

Fig. 40.

rendre ce mouvement extrêmement lent, on le dirige à l'aide des
deux vis v, v', dont le pas est très-court ; on peut ainsi faire varier
la position du plan incliné de quantités excessivement faibles , et
qu'il eût été impossible d'obtenir par le concours seul d'une vis.
Les écrous V permettent d'amener rigoureusement le centre de
gravité du fléau dans la verticale du point de suspension.

53. Si l'on pèse les différents corps sous le même volume, on
trouve des poids différents. C'est ainsi que, tandis qu'un litre d'eau
pèse 1 kilog., un litre de mercure en pèse 13,6, un litre d'alcool
0,79... etc. C'est ce que l'on exprime en disant que les différents
corps ont des densités différentes. Afin de représenter les densités
par des nombres qui puissent servir, spécifiquement, à la définition de chaque substance, on suppose que pour chacune d'elles on
prenne le poids de l'unité de volume : les nombres que l'on obtient
ainsi, en employant pour tous la même unité, sont ce que l'on
appelle les densités. Si donc on appelle P le poids d'un corps dont
le volume est V, le poids de l'unité de volume sera $\frac{P}{V}$, on aura
donc, en désignant par D la densité,

$$\frac{P}{V} = D \ \text{ ou } P = VD \qquad [1]$$

Dans cette formule, les unités qui servent à évaluer le poids et
le volume sont quelconques ; il faut seulement remarquer que P
et D sont nécessairement exprimés à l'aide de la même unité. Si,
conformément à notre système métrique, on prend pour unité de
poids le poids de l'unité de volume de l'eau (distillée et à 4°), D
exprimera évidemment le rapport du poids de l'unité de volume
du corps, au poids de l'unité de volume de l'eau ; ou plus généralement, le rapport du poids d'un certain volume d'un corps, au
poids du même volume d'eau. C'est ce rapport auquel on donne
le nom de poids spécifique. On voit donc que s'il y a entre la densité et le poids spécifique une différence réelle de nature, en raison
des unités adoptées, ces quantités sont exprimées par les mêmes
nombres ; aussi en physique considère-t-on habituellement les deux

expressions comme synonymes. Il importe toutefois de remarquer l'origine de cette coïncidence, et dans l'emploi de la formule [1] il faudra se rappeler que l'unité de poids est le poids de l'eau contenue dans l'unité de volume qui a servi à évaluer V.

Assez ordinairement, on rapporte la densité des gaz à celle de l'air. Pour passer de ces densités aux poids effectifs., il faudra se rappeler qu'un litre d'air, dans les circonstances normales de température et de pression (température 0, pression 760^{mm}), pèse 1^s,293, ce qui donne environ $\dfrac{1}{770}$ pour sa densité, par rapport à l'eau.

54. La formule [1] est d'une application continuelle; on voit en effet que si deux des quantités qu'elle renferme sont connues, la troisième s'en déduira nécessairement. On pourra donc, ce qui est souvent utile, connaissant la densité d'un corps, déduire son poids de son volume, ou réciproquement.

Ex. I. Quel est le poids d'une masse de granit de 84 mètres cubes (¹)? la densité du granit est 2,75.

$$p = 84 \times 2,75 = 231^{\mathrm{T}}.$$

Ex. II. Évaluer approximativement le poids de l'atmosphère. Nous verrons plus loin qu'une colonne d'air s'élevant jusqu'aux limites de l'atmosphère, a un poids sensiblement égal à celui d'une colonne de mercure de même base et de 760^{mm} de hauteur. Le poids cherché est donc égal à celui d'une enveloppe sphérique de mercure dont les rayons seraient r et $r + 0^m,760$, r étant le rayon terrestre. Ce volume est à peu près égal à $4\pi r^2$. $0^m,760$, et par suite le poids cherché $p = 4\pi r^2$. $0^m,760$. 13,6, c'est-à-dire à 5 quatrillions de tonnes environ. C'est environ le poids de 600000 cubes de cuivre de 1 kilomètre de côté.

Ex. III. Quel est le volume de 1000 kilog. de mercure? De la formule [1] on déduit

$$V = \frac{P}{D} = \frac{1000}{13,6} = 73^{\mathrm{litres}},5.$$

(¹) C'est à peu près le volume de l'obélisque de la place de la Concorde, à Paris.

Ex. IV. Trouver le côté d'un tétraèdre régulier d'or, au titre des monnaies, valant 1000 fr.? La densité de l'or monétaire est à peu près égale à 18,2.

Si on appelle x le côté cherché exprimé en décimètres, le volume du tétraèdre est égal à $\dfrac{x^3}{12}\sqrt{2}$, et par suite son poids sera exprimé en kilog. par $\dfrac{x^3}{12}\sqrt{2}.18,2$. Mais 1 kilog. d'argent monétaire vaut 200 fr., et l'or à poids égal a une valeur 15 fois et demie plus forte. On a donc la relation

$$\frac{x^3}{12}\sqrt{2}.18,2.200.15,5 = 1000,$$

d'où :
$$x = \sqrt[3]{\frac{12000}{\sqrt{2}.18,2.200.15,5}} = 0,531.$$

CHAPITRE XII

Caractères distinctifs des fluides. — Principe de la transmission égale des pressions. — Presse hydraulique.

85. Nous avons vu que l'on appelle fluide un assemblage de molécules, très-mobiles les unes sur les autres, de façon que chacune d'elles puisse individuellement obéir à l'action d'une force, même très-faible. Ainsi que nous l'avons déjà remarqué, cette hypothèse d'une mobilité absolue, de l'absence de tout frottement soit entre les parties du fluide, soit entre ces parties et les corps qui les touchent, n'est pas d'une parfaite exactitude, surtout quand on considère les fluides en mouvement; mais elle se vérifie suffisamment dans le cas du repos, on pourra donc l'admettre sans erreur sensible dans les questions d'équilibre. Les fluides se dis-tinguent en liquides et gaz; bien que les conditions générales de leur équilibre soient à peu près les mêmes, nous nous occuperons d'abord particulièrement de ce qui regarde les liquides.

56. Lorsqu'un liquide est renfermé dans un vase, un point quelconque de la paroi éprouve, par le fait des forces extérieures ou mutuelles auxquelles les molécules sont soumises, une certaine pression. On se fait une idée de la valeur de cette pression en un point déterminé en supposant autour de ce point un élément de surface, et prenant le rapport de la pression qu'il supporte à la surface elle-même. La limite de ce rapport, lorsque l'élément décroît indéfiniment, est la pression rapportée à l'unité de surface, en supposant qu'elle fût partout égale à ce qu'elle est au point considéré. De ce que le frottement est nul, on peut conclure d'ailleurs que la pression est normale à la paroi; car dans le cas contraire elle pourrait se décomposer en deux, l'une normale, l'autre dirigée suivant l'élément; cette dernière aurait pour résultat de faire glisser la molécule liquide. Ce résultat s'applique également à un élément plan quelconque considéré dans l'intérieur du liquide. Si l'on conçoit pour un instant cet élément solidifié, il devra, d'après ce qui vient d'être dit, éprouver sur ces deux faces des pressions normales; de plus, comme il est supposé en équilibre, ces pressions devront être égales et contraires. On admet en outre, en vertu de la symétrie de constitution des liquides, que cette pression est la même, quelle que soit la direction de l'élément. On suppose en effet (12) que, dans les liquides, la forme et l'orientation des molécules ne jouent aucun rôle dans l'équilibre, lequel ne dépend que de leurs distances. Il résulte de là, que si on considère une masse liquide, soumise à l'action de forces extérieures constantes, les molécules se placeront à une distance convenable pour l'équilibre, mais la même pour toutes; tout sera donc symétrique autour d'un point quelconque de la masse, et par conséquent un élément plan passant par ce point devra être pressé dans toutes les directions avec la même intensité.

On arrive à la même conclusion, si l'on suppose que parmi les forces extérieures quelques-unes, comme la pesanteur, varient d'un point à un autre de la masse. Concevons en effet autour de l'élément plan considéré, une petite sphère infiniment petite, on pourra supposer que l'équilibre de l'élément résulte de trois espèces de

forces, 1° les actions mutuelles; 2° les pressions exercées sur la
surface de la sphère et qui sont des forces extérieures constantes;
3° les forces extérieures variables d'un point à l'autre de la masse
liquide contenue dans la sphère. Si on négligeait ces dernières
forces, on retomberait dans le cas précédemment examiné, des
forces extérieures constantes. Mais à mesure que les dimensions
de la sphère diminuent, les dernières forces deviennent de plus en
plus négligeables, par rapport à celles du second groupe, car celles-ci
varient proportionellement à la surface de la sphère, tandis que les
autres varient proportionnellement au volume. On peut donc négliger la variation des forces extérieures d'un point à un autre de
la masse, et considérer comme justifié généralement le fait que
la pression sur un élément est indépendante de sa direction. Au
surplus, les hypothèses que nous avons développées plus haut sur
la constitution des corps, ne doivent pas être confondues avec dés
lois physiques, on ne saurait donc considérer les explications
précédentes comme des démonstrations rigoureuses. Mais l'ensemble des phénomènes de l'hydrostatique justifie *à posteriori*, de
la façon la plus complète, le principe dont il s'agit, qu'on appelle
quelquefois principe de Pascal.

57. On peut considérer comme une conséquence du principe de
Pascal le principe de la transmission égale des pressions en tous
sens. Voici en quoi il consiste : si on a un vase de forme quelconque (fig. 41) rempli de liquide, et qu'en un certain point de la

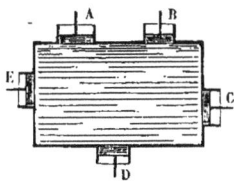

Fig. 41.

surface, à l'aide d'un piston A, on exerce
une pression déterminée, une portion
plane B de la paroi, d'une aire égale à
A éprouvera, quelle que soit d'ailleurs
sa position, une pression égale. Si donc
on conçoit qu'il y ait un piston en B,
pour le maintenir il faudra appliquer
une force égale à celle qui agit directe-
ment sur A. De même dans l'intérieur du liquide, un élément
plan d'une surface égale à A sera pressé, quelle que soit sa direction, sur ses deux faces, avec la même force.

Si l'aire de B était différente de celle de A, la pression supportée se déduirait toujours de ce que des surfaces égales éprouvent la même pression, de sorte que r désignant le rapport des aires, ce qui revient à prendre celle de A pour unité, la pression supportée par B sera égale à pr, p exprimant celle qui agit sur A.

58. On trouve une application fort importante de la trans-. mission des pressions dans l'expérience suivante : soient AB, CD (fig. 42) deux tubes communiquants, de diamètres très-inégaux et contenant de l'eau. Si, au-dessus du liquide dans chacun des tubes on place deux pistons N et M, et qu'on vienne à exercer sur ce dernier une certaine pression, d'un kilog. par exemple, cette pression se transmettra jusqu'au grand piston, qui sera poussé par une force égale à autant de kilog. que sa surface renferme de fois celle du petit piston.

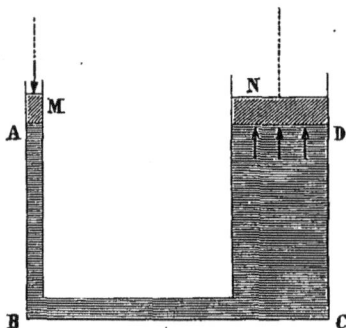

Fig. 42.

On voit donc qu'avec une petite force appliquée en M, on pourra produire en N un effort extrêmement considérable.

Sur ce principe est fondée la presse hydraulique, qui est repré-sentée dans les figures 43 et 44; la première est une vue de l'appareil, la seconde une coupe à une échelle plus-grande du corps de pompe et du tube de communication. L'appareil se com-pose d'une pompe dont le piston est mis en mouvement à l'aide du levier B. Cette pompe aspirante et foulante puise de l'eau dans un réservoir inférieur et la pousse dans l'intérieur d'une caisse VX, d'où elle ne peut plus ressortir à cause de la soupape H. Dans cette caisse plonge un grand piston métallique, dont la tête élargie se meut dans un bâti très-solide; c'est entre la partie supérieure du bâti et la tête du piston que l'on place le corps à comprimer. Si, la caisse étant pleine d'eau, on exerce à l'aide de la pompe une pression de p kilogr., la partie inférieure du grand piston sera poussée avec une force de *pr* kilog., *r* étant le rapport de sa section à celle du piston de la pompe.

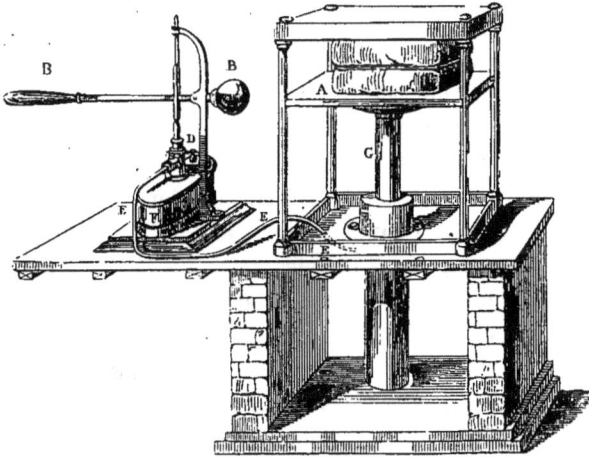

Fig. 43.

On peut obtenir avec la presse hydraulique des pressions extrèmement considérables, équivalant, dans quelques appareils, à

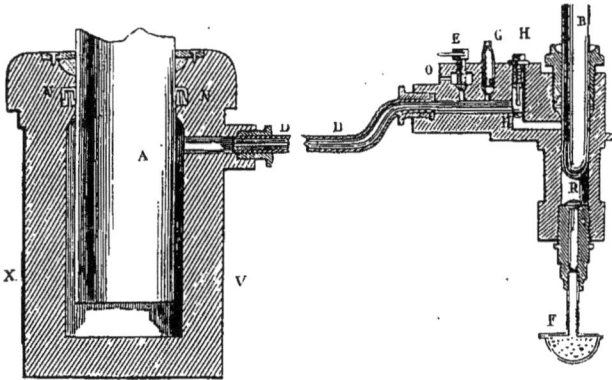

Fig. 44.

plusieurs centaines de tonnes. Dans ces cas-là, l'appareil doit être construit avec des dispositions particulières qui permettent aux diverses parties de résister à ces énormes pressions. Le piston de la pompe est de même que celui de la caisse, un piston plongeur, entièrement métallique; il glisse à la partie supérieure dans une boîte à cuir, et c'est par les variations du volume du corps de pompe, suivant qu'il monte ou qu'il descend, que l'eau est successivement aspirée et refoulée dans la caisse. En G se trouve une soupape de sûreté, qui permet de s'arrêter à une pression déterminée; E est un robinet que l'on ouvre, lorsque l'on veut mettre fin à l'expérience; toute l'eau dont l'introduction dans la caisse avait amené la pression exercée, s'échappant alors, le grand piston redescend et reprend sa position primitive.

Une condition capitale à remplir, pour que la presse produise son effet, c'est qu'il ne se manifeste aucune fuite dans la caisse; si par exemple de l'eau s'échappait par l'intervalle laissé entre le piston et les parois de la caisse, une portion très-considérable de la force qu'on veut utiliser serait perdue. Pendant longtemps la difficulté d'empêcher ces fuites de liquide, n'a pas permis de tirer un grand parti de cet appareil dont la première idée est due à Pascal. C'est à l'ingénieur anglais Bramah, qu'est due la disposition spéciale de la boîte à cuir dans laquelle glisse le piston, et qui réalise une fermeture parfaitement hermétique. Dans une cavité circulaire N, placée vers la partie supérieure de la caisse, on place une lame de cuir, ayant la forme d'un demi-tore (fig. 45), dont la convexité est tournée vers le haut; c'est ce qu'on appelle un cuir embouti. Des rondelles de cuir de diamètres différents, sont placées au-dessus, et retenues par une couronne qui

Fig. 45.

pénètre dans l'épaisseur même de la caisse. Il résulte de là qu'à mesure que la pression augmente, les bords intérieurs du tore sont appliqués de plus en plus fort contre le piston, et empêchent ainsi toute fuite de se produire.

La presse hydraulique, sous des formes qui peuvent varier un peu, est employée dans un grand nombre de circonstances. Lorsqu'on veut essayer des chaudières ou des tuyaux de conduite, l'appareil se borne à la pompe foulante et au tube muni de sa soupape de sûreté et du robinet d'écoulement de l'eau. On emploie aussi la presse hydraulique, pour essayer la ténacité des ancres, soulever des fardeaux considérables, etc.

CHAPITRE XIII

Conditions d'équilibre des liquides pesants. — Forme de la surface. — Surfaces de niveau. — Pressions sur les parois et le fond des vases.

59. On peut déduire des principes généraux exposés dans le chapitre précédent, les conditions particulières relatives au cas des liquides pesants. Lorsqu'un pareil liquide est renfermé dans un vase et présente une surface libre, celle-ci est nécessairement horizontale. L'expérience prouve qu'il en est ainsi, puisqu'on constate que le fil à plomb est perpendiculaire à la surface libre d'un liquide. C'est d'ailleurs une conséquence de la mobilité des particules fluides. Supposons, en effet, que la surface pût être inclinée, on pourrait décomposer le poids d'une des molécules qui la composent en deux forces, l'une normale et l'autre dans le sens même de la surface ; la première serait sans effet, mais la seconde ferait évidemment glisser la molécule , et par conséquent il n'y aurait pas équilibre.

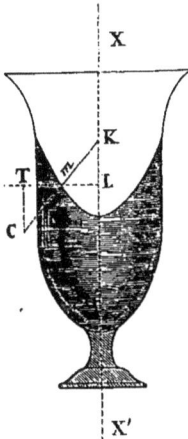

Fig. 46.

60. Si le liquide était soumis à d'autres forces que la pesanteur, la surface cesserait d'être horizontale ; mais le raisonnement précédent prouve qu'en chaque point, la résultante des forces qui sollicitent une molécule, devra être la normale même à la surface. Considérons, par exemple, un liquide renfermé dans un vase (fig. 46), auquel on imprime un mouvement de rotation autour de l'axe vertical XX', et cherchons quelle doit être la forme de la surface. Une molécule quelconque m , dont la vitesse de rotation est v, est soumise à deux forces, son poids p et la force centrifuge (31) dirigée suivant mT et égale à $\dfrac{mv^2}{r}$,

r étant le rayon du cercle décrit, c'est-à-dire mL. La résultante mC de ces deux forces doit être la normale à la surface. Or, dans le triangle mKL, on a

$$\mathrm{KL} = m\mathrm{L}\, \mathrm{tg}\, \mathrm{K}m\mathrm{L} = r\, \mathrm{tg}\, \mathrm{T}m\mathrm{C} = \frac{pz^2}{mv^2} = \mathrm{C^{te}}$$

La courbe est donc telle, que la sous-normale est constante, ce qui est une propriété caractéristique de la parabole. La forme de la surface sera donc celle d'un paraboloïde de révolution.

61. En revenant au cas où la pesanteur seule agit sur les molécules, il est aisé de faire voir que l'horizontalité de la surface n'est qu'un cas particulier d'un fait plus général et qu'on peut considérer comme fondamental en hydrostatique : c'est que tous les points d'une couche horizontale sont également pressés. Considérons en effet dans une masse liquide (fig. 47) deux points A et B, appartenant à une couche horizontale, faisons passer par ces deux points deux petits éléments plans, verticaux et parallèles, que nous considérerons comme les bases

Fig. 47.

d'un cylindre infinitésimal. Les molécules contenues dans ce cylindre, n'étant sollicitées que par leur poids, ne peuvent donner lieu à aucune force dans le sens de son axe, si donc l'équilibre existe, c'est que les deux bases sont pressées avec la même intensité. Comme d'ailleurs nous avons démontré plus haut, que la pression sur un élément plan est indépendante de sa direction, il en résulte que les deux points A et B sont pressés dans tous les sens avec une même intensité. On appelle surface de niveau, dans un liquide, celles dont tous les points sont soumis à une pression constante. On voit donc que dans les liquides pesants ces surfaces sont horizontales. La surface libre est elle-même une surface de niveau.

Si deux surfaces de niveau sont séparées par un certain intervalle, un élément quelconque de la surface inférieure supportera une pression plus grande qu'un élément de même étendue à la surface supérieure. De plus, si l'on conçoit par l'élément inférieur un cylindre vertical, qui s'élève jusqu'à l'autre surface, il est clair.

6

que la différence de pression sera précisément égale au poids du liquide renfermé dans le cylindre. Ce théorème est tout à fait général et ne suppose pas qu'il y ait dans le liquide une surface libre. Dans le cas où cette dernière circonstance se présente, il est clair, d'après ce qui précède, que la pression supportée par un élément plan quelconque, situé sur les parois ou dans l'intérieur du liquide, est égale au poids d'un cylindre liquide ayant pour base l'élément considéré et pour hauteur sa distance à la surface libre. On sait d'ailleurs que cette pression est normale à l'élément. Si s désigne la surface de l'élément, d la densité du liquide et z la distance à la surface, l'expression de cette pression est szd ([1]).

62. Considérons en particulier le fond horizontal d'un vase, chacun de ses points étant pressé avec la même intensité, la pression totale est égale au poids d'un prisme liquide ayant pour base ce fond et pour hauteur sa distance à la surface. Si B est l'aire du fond du vase, H la hauteur du liquide et D sa densité, l'expression de la pression est BHD. Cette pression est par conséquent entièrement indépendante de la forme du vase.

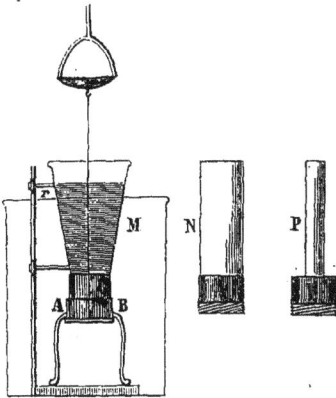

Fig. 48.

On peut mesurer expérimentalement la pression exercée sur le fond d'un vase, et vérifier qu'elle est indépendante de la forme du vase lui-même, à l'aide de l'appareil suivant, qui est dû à M. Masson. Sur le cylindre AB (fig. 48), supporté par un trépied, on peut visser des vases de formes différentes M, N, P. Le fond mobile de tous ces vases est formé par un obturateur, maintenu par un fil que l'on fixe

([1]) Quand la surface libre est pressée par l'atmosphère, la pression atmosphérique se transmet intégralement jusqu'à l'élément, et sa valeur doit être ajoutée à l'expression szd.

au plateau d'une balance. On ajoute dans l'autre plateau les poids, qui font équilibre à l'obturateur et l'appliquent avec une certaine force contre le fond du cylindre AB. Si alors on verse du liquide dans le vase, il arrive un moment où l'obturateur se détache; on marque avec un indicateur r. le niveau du liquide, et on reconnaît, en employant les autres vases, que c'est à la même hauteur, pour chacun d'eux, que le même phénomène se produit. On peut voir aussi que les poids placés dans le plateau de la balance équivalent, en défalquant le poids de l'obturateur, à celui de la colonne liquide, dont la base est égale à celle du cylindre AB, et la hauteur, la distance au point r.

On peut aussi vérifier que la pression sur le fond d'un vase est indépendante de la forme du vase à l'aide de l'appareil de Haldat. Il se compose (fig. 49) d'un tube en verre à l'une des extrémités

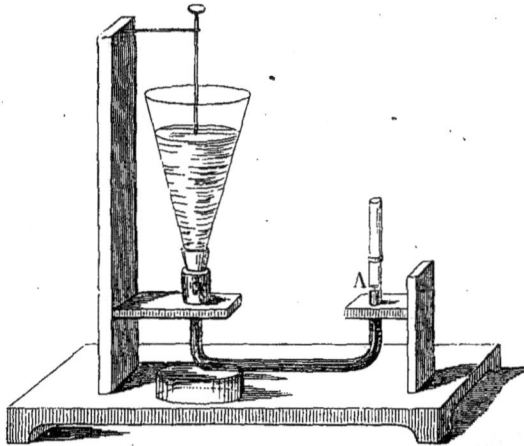

Fig. 49.

duquel on peut visser des vases de forme différente (fig. 49 a). On commence par verser du mercure dans le tube, de façon qu'il s'élève à une certaine hauteur dans les branches verticales, puis on verse de l'eau dans le vase. Le niveau du mercure monte dans la branche opposée, on marque le point A où il s'arrête, en même temps qu'un indicateur fait connaître la hauteur de l'eau dans le

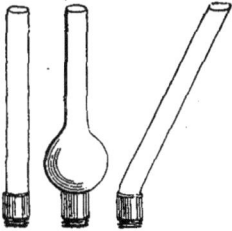

vase. On répète l'expérience avec les autres
vases, et on reconnaît qu'en versant de
l'eau jusqu'à la même hauteur, le mercure
atteint exactement le même niveau. Donc,
dans les trois cas, la surface de séparation
du mercure et de l'eau, qui peut être considérée comme le fond mobile du vase
contenant ce dernier liquide, est pressée
avec la même intensité.

Fig. 49 a.

65. Si nous considérons actuellement un élément quelconque de
la paroi du vase, la pression normale qu'il supporte est égale aussi
au poids d'un prisme liquide, qui aurait l'élément lui-même pour
base, et pour hauteur la distance de l'un quelconque de ses points
à la surface libre; l'élément étant infinitésimal, cette distance
peut être considérée comme la même pour tous. Il résulte de là,
que si on considère une portion de paroi qui soit plane, les pressions
partielles forment un système de forces parallèles. Pour connaître
la grandeur de la résultante, décomposons la paroi considérée en
un certain nombre d'éléments infiniment petits, dont les surfaces
soient s, s', s'', et les distances à la surface z, z', z'', la pression
sera égale à $szd + s'z'd + s''z''d + \ldots = d(sz + s'z' + s''z''\ldots)$
d étant la densité du liquide. Mais si on appelle S la surface totale
de la paroi, et Z la distance de son centre de gravité à la surface,
on a, d'après le théorème des moments, $SZ = sz + s'z' + s''z'' + \ldots$
et par suite pour la pression supportée par la paroi, SZd; elle est
donc égale au poids d'une colonne liquide, qui aurait pour base la
paroi, et pour hauteur la distance du centre de gravité de cette
paroi à la surface libre.

64. Le point d'application de cette résultante se nomme le
centre de pression. Il est évidemment plus bas que le centre de
gravité, puisque les forces parallèles vont en croissant à mesure
que la profondeur augmente. La recherche du centre de pression
revient à celle du centre de gravité, dans le cas où la densité varie
d'un point à un autre. Considérons, par exemple, le cas d'un rectangle dont deux côtés soient parallèles à la surface du liquide;

sur tous les points d'une même ligne horizontale, la pression étant constante, il est clair que le centre de pression se trouvera sur la droite qui joint les milieux des deux côtés horizontaux. Si on appelle a la longueur de cette ligne et H, H' les distances verticales de ces deux extrémités à la surface libre, les pressions en ces deux points, rapportées à l'unité de surface, seront Hd, H'd, c'est-à-dire proportionnelles aux quantités H et H'. Le problème revient donc à la recherche du centre de gravité d'une ligne dont la densité varie proportionnellement à la distance à l'une de ses extrémités. C'est la question que nous avons traitée (17). Si donc on appelle x la distance du centre de pression à la base supérieure du rectangle, on aura

$$x = \frac{a}{3} \cdot \frac{\text{H}d + 2\text{H}'d}{\text{H}d + \text{H}'d} = \frac{a}{3} \cdot \frac{\text{H} + 2\text{H}'}{\text{H} + \text{H}'}.$$

Concevons prolongée jusqu'à la surface la droite a, et appelons c la longueur comprise entre cette surface et le côté supérieur du rectangle; on aura, en désignant par α l'angle qu'elle fait avec l'horizon, $\text{H} = c\cos\alpha$ $\text{H}' = (c + a)\cos\alpha$, d'où on tire pour la valeur de x

$$x = \frac{2a^2 + 3c}{3(a + 2c)}.$$

C'est la forme qu'on lui donne habituellement. Dans le cas où l'un des côtés du rectangle est à fleur d'eau $c = o$, $x = \frac{2}{3}a$.

Lorsque la paroi plongée dans le liquide n'est pas plane, on peut toujours déterminer la pression supportée par un élément quelconque; mais l'ensemble de ces pressions peut n'être pas réductible à une force unique.

65. Il importe de distinguer soigneuseusement la pression que transmet le liquide à l'obstacle qui supporte le vase, de celle que supportent individuellement le fond ou les parois elles-mêmes. Ces dernières peuvent être extrêmement considérables, si, par exemple, le liquide s'élève à une grande hauteur; tandis que la première est évidemment égale, dans tous les cas, au poids du liquide.

Cela tient à ce que les pressions élémentaires sont diverses d'intensité et de direction. Il n'y a de transmis au support du vase, que la résultante verticale. Or on peut, en se fondant sur les principes précédemment établis, faire voir que cette résultante verticale est égale dans tous les cas au poids du liquide. Comme cette conclusion est évidente d'elle-même, ce sera à *posteriori* une justification complète.de ces principes eux-mêmes. C'est pour n'avoir pas fait la distinction dont il s'agit ici, qu'on a appelé *paradoxe hydrostatique*, ce fait que la pression sur le fond d'un vase est indépendante de la forme de ce vase.

Soit (fig. 50) un liquide contenu dans un vase de forme quel-

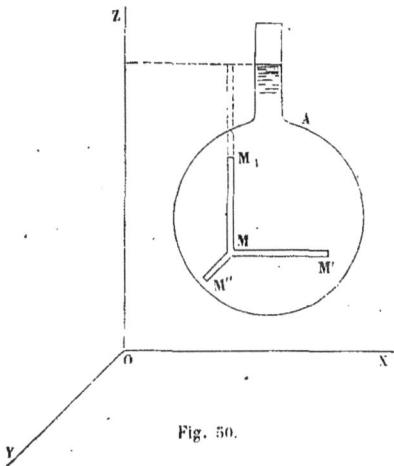

Fig. 50.

conque, considérons un élément quelconque M, d'une aire égale à s, et situé à une distance z de la surface; cet élément supporte une pression normale égale à szd, d étant la densité du liquide. Si on appelle α, β, γ, les angles que fait la normale à l'élément, avec trois axes ox, oy, oz, les composantes de la pression précédente, parallèlement aux trois axes, seront,

$$szd \cos\alpha \qquad szd \cos\beta \qquad szd \cos\gamma.$$

Or, si l'on conduit par l'élément donné deux cylindres parallèles aux axes ox et oy, ces cylindres détermineront sur la paroi du vase deux éléments M' M'', qui supportent des pressions normales respectivement égales à $s'zd$, $s''zd$. Les composantes parallèles aux axes de ces pressions sont $s'zd \cos\alpha'$, $s'zd \cos\beta'$, $s'zd \cos\gamma'$, pour le premier, $s''zd \cos\alpha''$, $s''zd \cos\beta''$, $s''zd \cos\gamma''$ pour le second, α', β', γ' ; α'', β'', γ'', désignant les angles que font les normales aux deux éléments avec les axes des coordonnées. Or, $s \cos\alpha$ représente l'aire de la section droite du cylindre MM′, qui est aussi représentée par $s' \cos\alpha'$; donc les composantes parallèles à l'axe ox de la pression supportée par les éléments M et M′, sont égales; comme elles ont d'ailleurs un signe contraire, elles se détruisent. Il en est de même des deux composantes $szd \cos\beta$, $s''zd \cos\beta''$. Il suit de là, que des trois composantes de la pression normale supportée par l'élément M, les deux composantes horizontales se détruisent, et il ne reste que la composante verticale $szd.\cos\gamma$, dirigée de haut en bas. Si l'on mène par l'élément M le cylindre MM_1, parallèle à oz; en répétant sur l'élément M_1 les mêmes raisonnements, on trouverait qu'il ne reste de la pression qu'il supporte, que la composante verticale $s_1z_1d \cos\gamma_1$, dirigée de bas en haut, s_1, z_1, γ_1, désignant pour l'élément M les quantités analogues à s, z, γ. Mais $s \cos\gamma = s_1 \cos\gamma_1$; car l'une et l'autre expression représente la section droite du cylindre MM_1; donc, en définitive, si on appelle c cette section droite, la pression verticale résultante est égale à $(z - z_1) cd$, c'est-à-dire au poids du liquide renfermé dans le cylindre MM_1.

Étendant à tous les éléments les raisonnements qui précèdent, on voit que la résultante totale est égale à la somme des poids des cylindres liquides tels que MM_1 dans lesquels on peut concevoir la masse entière décomposée, c'est-à-dire, ainsi que nous l'avons annoncé, au poids total du liquide renfermé dans le vase.

CHAPITRE XIV

Principe d'Archimède. — Corps flottants.

66. Lorsqu'un corps est plongé dans un liquide, les différents points de sa surface sont soumis à des pressions diverses. Par une démonstration identique à celle qui termine le chapitre précédent, on ferait voir que la résultante de toutes ces pressions est verticale, qu'elle est dirigée de bas en haut et égale au poids du liquide déplacé; c'est en cela que consiste le principe d'Archimède. On peut voir aussi que cette résultante s'obtenant par la composition des poids des différents cylindres qui constituent la masse liquide, son point d'application est au centre de gravité même de cette masse. Ce point est le centre de pression ou le centre de *poussée*. On peut démontrer le principe d'Archimède sans faire l'analyse des pressions que supporte le corps immergé. Il suffit de remarquer que ces pressions sont précisément les mêmes que celles que supportait la masse liquide dont le corps tient la place, supposée solidifiée; or, puisque cette dernière était soustraite à l'action de la pesanteur, il s'ensuit que la résultante des pressions est égale à son poids. La poussée est donc égale au poids du liquide déplacé. On peut aussi vérifier le principe d'Archimède par l'expérience. A l'un des plateaux d'une balance hydrostatique (fig. 54), on suspend

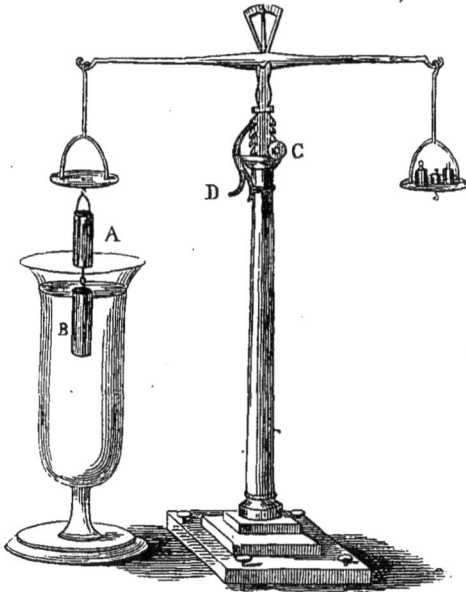

Fig. 54.

un cylindre creux A, et au-dessous un cylindre plein B, dont le volume extérieur soit le même que le volume intérieur du premier.

Après avoir établi l'équilibre, on abaisse le fléau, et on le maintient horizontal, en faisant plonger le cylindre B dans l'eau.
Lorsque l'immersion est complète, si on abandonne le fléau à lui-
même, il s'incline de façon à accuser une perte de poids du corps
plongé ; mais on rétablit l'équilibre en remplissant d'eau le cylindre
creux, ce qui est la vérification même du principe d'Archimède.

Il résulte de ce principe que tout corps plongé dans un liquide
est soumis à deux forces verticales et de sens contraire, l'une égale
à son poids et appliquée à son centre de gravité, l'autre égale au
poids du liquide déplacé et appliquée au centre de pression ; c'est
de la grandeur relative de ces forces que dépend le mouvement
que prendra le corps. Pour l'équilibre, il faut évidemment que ces
deux forces soient égales, c'est-à-dire que le poids du corps soit
égal au poids du liquide déplacé. Cette condition ne suffit pas ; il
faut encore que le centre de poussée et le centre de gravité du
corps soient sur une même verticale.

67. Cherchons, comme application de ce principe, la position
d'équilibre d'un prisme triangulaire droit, plongé dans l'intérieur
d'un liquide, ses arêtes étant horizontales. Soit ABC (fig. 52) la
section du prisme,
KL le niveau du li-
quide, appelons $a, b,$
c, les trois côtés du
triangle ABC ; posons
$CK = x$, $CL = y$; dé-
signons par l la lon-
gueur des arêtes du
prisme, par m sa
densité et par 1 la
densité du liquide ; le
poids du prisme est
$\dfrac{ab \sin c}{2} . l . m$, celui

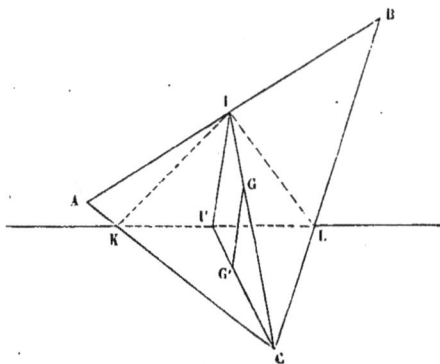

Fig. 52.

du liquide déplacé $\dfrac{xy \sin c}{2} . l$; d'après la première condition d'équilibre, ces deux poids doivent être égaux, ce qui donne :

$$xy = mab \quad [1]$$

Si on suppose que ABC représente la section, faite à égale distance des deux bases, les centres de gravité G et G', des deux triangles ABC, KLC, sont précisément l'un le centre de gravité du prisme, l'autre le centre de poussée ; ces deux points doivent être sur une même verticale, d'où il suit que GG', et par conséquent sa parallèle II', sont perpendiculaires à KL. Les obliques IK, IL, étant égales, donnent, en désignant par α et β les angles ACI, ICB, et par r la longueur CI :

$$x^2 + r^2 - 2rx \cos\alpha = y^2 + r^2 - 2ry \cos\beta$$

ou $\qquad x^2 - y^2 - 2rx \cos\alpha + 2ry \cos\beta = o. \quad [2]$

Les équations [1] et [2] renferment la solution du problème. Éliminant y, il vient

$$x^4 - 2r\cos\alpha \, x^3 + 2mrab \cos\beta \, x - m^2a^2b^2 = o. \quad [3]$$

Il résulte de la forme de cette équation que si ses quatre racines sont réelles, il y en a trois positives et par conséquent admissibles. Il peut donc y avoir pour le prisme plongeant par une de ses arêtes trois positions d'équilibre; mais le degré de l'équation [3] ne permet pas de constater *à priori* la réalité des racines. Considérons en particulier le cas où le triangle ABC serait équilatéral. Dans cette hypothèse $b = a;$ $\cos\alpha = \cos\beta = \dfrac{r}{a},$ $r^2 = \dfrac{3}{4} a^2,$ ce qui donne pour les équations du problème

$$xy = ma^2 \qquad 2(x^2 - y^2) - 3a(x - y) = o.$$

La seconde de ces deux équations admet le système $x = y = a\sqrt{m};$ c'est la position d'équilibre correspondant au cas où le niveau du liquide serait parallèle à la face AB du prisme.

Supprimant cette solution et éliminant y, on trouve pour déterminer x,

$$2x^2 - 3ax + 2ma^2 = o, \quad \text{d'où}$$

$$x = a\left(\frac{3 \pm \sqrt{9 - 16m}}{4}\right).$$

Pour que cette valeur de x soit admissible, il faut qu'elle soit réelle et plus petite que a, ce qui donne pour m les deux conditions suivantes :

$$m < \frac{9}{16} \qquad m > \frac{8}{16}$$

Si donc la densité du prisme est comprise entre ces deux limites, il y aura trois positions d'équilibre correspondantes à l'immersion de chaque arête, c'est à dire neuf positions distinctes. On pourrait supposer que deux arêtes au lieu d'une sont immergées; la question se traiterait tout à fait de la même manière; mais sans répéter les calculs, il est aisé de voir qu'il suffirait de changer, dans la valeur de x, m en $1 - m$; on a ainsi $x = a\left(\dfrac{3 \pm \sqrt{16m - 7}}{4}\right)$, d'où résulte, pour l'admissibilité de x, $m > \dfrac{7}{16}$ $m < \dfrac{8}{16}$, conditions qui ne sauraient coexister avec les précédentes.

68. Parmi les diverses positions d'équilibre d'un corps flottant, les unes sont stables, et les autres instables. La recherche rigoureuse des conditions de stabilité constitue un problème assez compliqué dont nous n'avons pas à nous occuper ici; nous nous bornerons à faire les remarques suivantes :

1° Lorsqu'un corps est complétement immergé, il faut, pour la stabilité de l'équilibre, que le centre de gravité soit au-dessous du centre de pression.

2° Quand l'immersion n'est pas complète, et que la condition précédente est remplie, l'équilibre est stable; mais il peut l'être aussi sans cela, et c'est même le cas le plus ordinaire des corps flottants. Quoi qu'il en soit, plus le centre de gravité sera bas, plus sera grande la force avec laquelle l'équilibre, momentanément rompu par une cause quelconque, se rétablira. Aussi, dans l'arrimage d'un navire, c'est-à-dire dans la disposition du lest ou des objets de chargement qui doivent être placés dans la cale, se propose-t-on d'abaisser le plus possible le centre de gravité de la masse flottante.

CHAPITRE XV

Liquides superposés. — Vases communiquants. — Niveau d'eau. — Niveau à bulle d'air.

69. Lorsque dans un vase contenant un liquide, on vient à en verser un autre, qui ne soit pas susceptible de se mêler intimement avec lui, ses molécules se réunissent en gouttes, qui, suivant leur densité, gagnent le fond ou s'élèvent à la partie supérieure; l'équilibre étant établi, la surface de séparation est horizontale. Le même phénomène a lieu quel que soit le nombre de liquides non miscibles que l'on place dans l'intérieur d'un même vase ; ils se disposent toujours dans l'ordre de leurs densités et sont séparés par des surfaces horizontales. Le premier fait est, comme nous venons de le voir, une conséquence du principe d'Archimède; quant au second, il résulte du principe général que tous les points d'une couche horizontale sont également pressés. Supposons, par exemple,

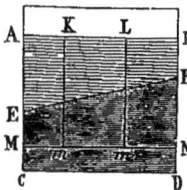

que deux liquides placés dans le vase ABCD (fig. 53) puissent être séparés par une surface inclinée EF, deux éléments, tels que m, m', pris sur une surface MN de niveau dans le liquide inférieur, supportent une pression représentée par le poids des files de molécules mK, $m'L$; or, puisque les densités des deux liquides sont différentes, ces poids ne peuvent être égaux qu'autant que la surface EF est horizontale.

Fig. 53.

70. Lorsque deux ou plusieurs vases communiquent entre eux, l'expérience montre qu'un même liquide s'élève dans tous à la même hauteur; en d'autres termes, que les surfaces libres des liquides dans les différents vases sont sur un même plan horizontal. Soit, par exemple, le liquide renfermé dans le vase AEFD (fig. 54) et concevons dans

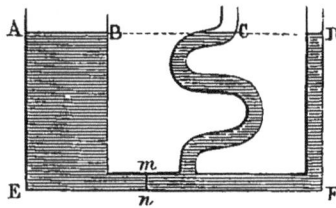

Fig. 54.

le point le plus bas du tube de communication une lame liquide *mn*,
que nous supposerons solidifiée. Puisqu'il y a équilibre, c'est que
cette lame est pressée de part et d'autre avec la même intensité;
or, cette pression ne dépend que de la hauteur du liquide au-dessus
du centre de gravité de *mn;* donc cette hauteur est la même dans
les diverses branches du vase.

C'est sur ce principe qu'est fondé le niveau d'eau. Il se compose
(fig. 55) d'un pied à trois branches, supportant un tube métallique
recourbé à ses deux extrémités
et terminé par deux tubes de
verre. On a introduit dans l'appareil un liquide, en général
de l'eau colorée, qui s'élève
conformément à ce qui vient
d'être dit, à la même hauteur
dans les deux branches. Il suit
de là, que si un observateur
vise un point d'une mire, de
façon que le rayon visuel soit

Fig. 55.

tangent aux deux extrémités des colonnes liquides, ce rayon sera
une ligne horizontale : tout l'art du nivellement est fondé sur cette
propriété.

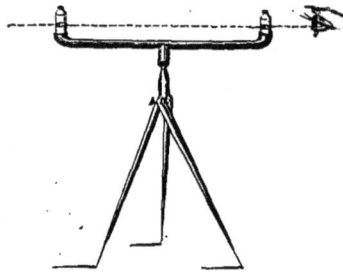

71. On emploie fréquemment dans les expériences et les instruments de physique le niveau à bulle d'air. Il se compose (fig. 56)
d'un tube fermé à ses deux
bouts et portant sur une de ses
arêtes une division en parties
d'égale longueur. Ce tube est
rempli, en partie seulement,

Fig. 56.

par de l'eau, ou mieux de l'alcool. Une bulle formée d'air ou de
vapeur occupe l'autre partie du tube et se place dans des positions
diverses, correspondantes à celles de l'instrument.

Si par exemple le tube étant bien cylindrique, on dispose son
arête horizontalement, la bulle d'air sera en équilibre dans une
position quelconque; mais pour peu que le tube soit incliné, elle

s'élèvera jusqu'au sommet de la colonne liquide. Disposé de cette
façon, l'instrument n'aurait donc aucun avantage, car il n'ap-
prendrait point si l'on est près ou loin de la position pour laquelle
son axe est horizontal. C'est afin d'obtenir cette mesure, que l'intérieur du tube est un peu courbé circulairement, de sorte que la
bulle d'air se mouvra toujours de façon à ce que son milieu occupe
le sommet le plus élevé de l'arc. On peut reconnaître en outre, que
si à partir d'une position d'équilibre, l'inclinaison de l'instrument
varie, la bulle se mouvra de quantités proportionelles. Habituellement le tube est formé de deux parties symétriques, et de part et
d'autre du sommet se trouvent deux traits dont la distance est égale
à la longueur de la bulle. Il est enveloppé d'ailleurs, dans la plus
grande partie de sa surface, d'une armure métallique fixée elle-
même à une plaque métallique bien plane et parallèle à la tangente
au sommet de la courbure; d'où il suit que la plaque reposant sur
une surface horizontale, la bulle d'air devra se trouver exactement
entre les deux traits origines de la graduation.

Lorsqu'on a besoin de disposer horizontalement une surface, par
exemple le pied d'un instrument, on le munit de trois vis calantes,
formant un triangle équilatéral, et on place le niveau d'abord
parallèlement à deux d'entre elles, et ensuite à 90° de cette position.
On amène dans chaque cas la bulle d'air au milieu du tube, et il
est évident, que le plan qui contient les deux positions de l'instrument, renfermant deux lignes horizontales, est lui-même horizontal. Il faut remarquer qu'en faisant mouvoir la troisième vis
calante dans la seconde opération, on n'altère pas l'horizontalité
obtenue dans la première, si les deux positions sont rectangulaires.
Ainsi que nous l'avons vu pour le cathétomètre, deux niveaux sont
ordinairement fixés à demeure sur le pied de l'instrument, l'un
dans le plan de deux vis, l'autre perpendiculairement.

On emploie aussi le niveau à bulle d'air dans les grands nivel-
lements; l'appareil se compose alors essentiellement d'une lunette,
dont l'axe de collimation est parallèle à celui du niveau; si on
vise au point situé au loin, et qu'on amène la bulle d'air au milieu
du tube, on sera sûr que le rayon visuel est horizontal.

72. Si l'on verse d'abord dans un tube recourbé un certain liquide, et puis au-dessus de lui dans l'une des branches un liquide moins dense, les hauteurs des deux extrémités des colonnes liquides au-dessus de la surface de séparation OB (fig. 57) sont inversement proportionelles aux densités. Soit en effet au point le plus bas, une lame mn, supposée solidifiée, les pressions supportées de part et d'autre par cette lame sont égales; or, en appelant s la section de la lame mn, H la distance de son centre de gravité à la surface de séparation h, h' les hauteurs

Fig. 57.

BC et OA, et enfin d et d' les densités des liquides supérieur et inférieur, ces pressions sont respectivement $sHd + sh'd'$, $sHd' + shd$, d'où $hd = h'd'$.

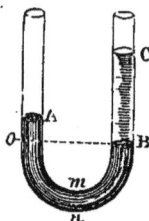

CHAPITRE XVI

Détermination de la densité des solides et des liquides. — Aréomètres.

73. Nous avons vu (53) que la densité d'un corps est exprimée par le rapport du poids d'un certain volume de ce corps au poids d'un égal volume d'eau. Nous allons examiner les diverses méthodes qu'on emploie pour les déterminer, en commençant par les solides.

1° *Méthode de la balance.* On pèse un corps successivement dans l'air et dans l'eau, soient p et p' les deux poids obtenus. La différence $p - p'$ est le poids d'un volume d'eau égal à celui du corps, et par suite la densité $D = \dfrac{p}{p - p'}$. Si le corps était moins dense que l'eau, on lui adjoindrait un morceau de plomb, par exemple, dont on aurait préalablement déterminé le poids dans l'air et dans l'eau, et on opérerait comme il vient d'être dit.

2° *Méthode du flacon.* Quand le corps est pulvérulent, la méthode précédente n'est plus applicable; on peut employer dans ce

cas la méthode du flacon, qui est du reste d'une application générale. On se sert d'un petit flacon (fig. 58) fermé par un tube creux
de verre, usé extérieurement, de manière à ser-
vir de bouchon. On pèse séparément le corps,
et le flacon plein d'eau, soient p et p' ces deux
poids. On introduit ensuite le corps dans le
flacon, on ferme ce dernier, on l'essuie et on le
pèse; la différence entre son poids p'' et la
somme $p + p'$ est évidemment égale au poids
de l'eau qui est sortie, c'est-à-dire au poids d'un
volume d'eau égal à celui du corps; la densité
est donc $\dfrac{p}{p + p' - p''}$. A chaque fois qu'on
bouche le flacon on achève de remplir celui-ci
d'eau, et on pose simplement le bouchon qui

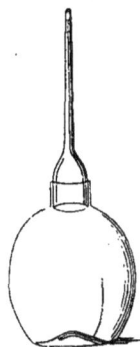

Fig. 58.

s'enfonce par son propre poids. L'eau s'élevant sans résistance
dans l'intérieur du tube, le flacon se remplit dans les diverses
expériences de la même manière, ce qui est une condition importante pour l'exactitude des résultats.

3° *Méthode de l'aréomètre de Nicholson.* On se sert quelquefois de l'aréomètre de Nicholson. Il se compose d'un cylindre
métallique (fig. 59) terminé en pointe à ses
deux extrémités et supportant, à l'aide d'une
tige déliée, un petit plateau m. A sa partie
inférieure se trouvent des matières lourdes, contenues dans une sorte de corbeille A et destinées
à lester l'instrument. Lorsqu'on veut déterminer la densité d'un corps, on commence par
placer sur le plateau supérieur des poids suffi-
sants pour faire enfoncer l'instrument jusqu'à
un certain point o marqué sur la tige et appelé
point d'affleurement; soit p ce poids. On met

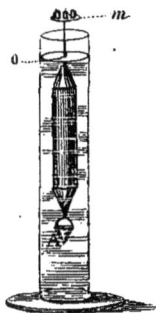

Fig. 59.

ensuite le corps sur le plateau. Pour déterminer l'affleurement
dans ce cas il faut un poids p' moindre que p, et la différence
$p - p'$ est évidemment le poids du corps. On place enfin le corps

dans la corbeille inférieure, la poussée du liquide fait remonter l'instrument, et le poids p'', nécessaire pour le faire affleurer, surpasse p' du poids d'un volume d'eau égal à celui du corps ; la densité est donc $\dfrac{p - p'}{p'' - p'}$.

74. Si le corps dont on veut déterminer la densité était soluble dans l'eau, il faudrait la déterminer par rapport à un liquide dans lequel il ne serait pas soluble ; en multipliant la densité ainsi obtenue par celle du liquide, on obtient la densité du corps.

En effet, soit p le poids du corps, p' le poids d'un égal volume de liquide, p'' le poids d'un égal volume d'eau, δ la densité du corps par rapport au liquide, δ' la densité du liquide lui-même, on aura les relations :

$$\delta = \frac{p}{p'} \quad \delta' = \frac{p'}{p''} \quad \text{d'où } \delta\delta' = \frac{p}{p''} = D$$

75. Lorsque le corps est poreux, on peut se proposer de déterminer la densité moyenne rapportée au volume total, ou bien la densité de la substance même qui forme les parois des cavités dans lesquelles peut pénétrer l'eau. Pour déterminer cette dernière, il n'y a rien à changer aux méthodes décrites, il faut seulement laisser plonger le corps dans l'intérieur de l'eau pendant un temps assez long, pour que l'imbibition soit aussi complète que le permet la nature de la substance. Après avoir retiré le corps de l'eau, on le pèse ; l'augmentation de son poids représente le poids d'un volume d'eau égal à celui des cavités accessibles au liquide ; comme on a déjà le poids d'un volume d'eau égal à celui de la substance même qui forme les pores, on n'a qu'à diviser le poids du corps par la somme de ces deux derniers poids, pour avoir la densité rapportée au volume total.

76. Il existe des corps, comme la poudre, la fécule..., etc., qui ne sauraient être mis en contact avec aucun liquide, excepté toutefois le mercure, sans éprouver une véritable altération dans leur constitution ; on peut employer dans ces circonstances l'appareil représenté (fig. 60), qui est dû à M. Bianchi, et qui a été

7

construit spécialement pour la mesure de la densité des diverses espèces de poudre. Il se compose d'un vase A, muni de deux robinets *a* et *b* qui peut se visser à l'extrémité inférieure d'un tube BC, muni aussi d'un robinet *c*. L'extrémité inférieure du vase plonge dans une cuvette contenant du mercure, et la partie supérieure du vase peut être mise en communication avec la machine pneumatique. Pour faire une expérience, on introduit un poids donné de la substance dans le vase A; cette substance est maintenue inférieurement par une peau de chamois et supérieurement par une toile métallique à mailles serrées. Les trois robinets *a*, *b*, *c* étant ouverts, on fait le vide par la partie supérieure; le mercure s'élève, passe à travers la peau de chamois, et s'arrête en M, par exemple; on ferme alors le robinet *a* et on rend l'air en *c*. La pression atmosphérique détermine un remplissage complet du vase A; tellement complet que, si après avoir fermé les robinets

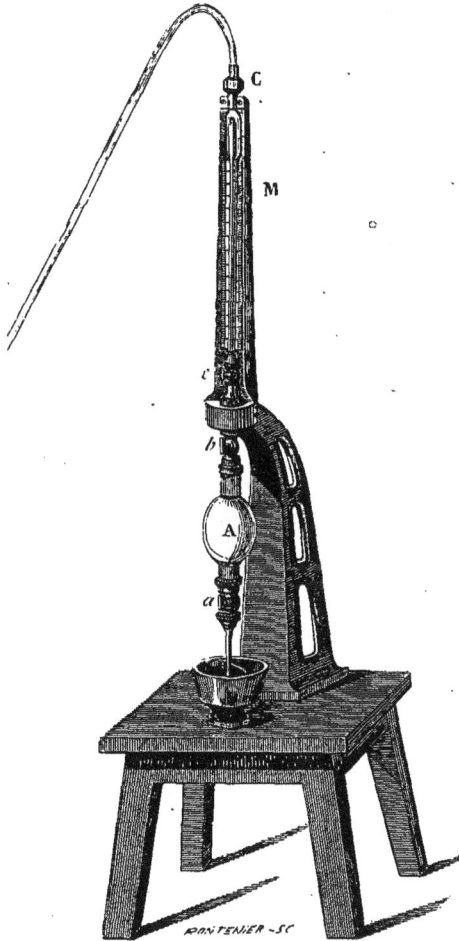

Fig. 60.

b et c, on le chauffe seulement avec la main, il se brise immédiatement par suite de l'excès de la dilatation du mercure sur
celle du verre. C'est cette condition qui assure l'exactitude de
l'expérience. Il suffit de comparer le poids du vase A plein de
mercure et contenant la substance au même poids quand le mercure est seul, pour en déduire le volume de la substance elle-
même et par suite sa densité.

On peut aussi, dans le même but, employer des appareils fondés
sur la loi de Mariotte, que nous décrirons plus loin, mais qui n'ont
pas le même degré d'exactitude.

77. Les méthodes que nous venons de décrire nécessitent deux
corrections fondamentales pour qu'elles puissent donner des résultats comparables. Ainsi, d'une part, les corps étant pesés dans
l'air, les poids obtenus doivent être corrigés de la poussée due à
ce fluide. En second lieu, la densité d'un corps varie avec la température, et le poids de l'unité de volume de l'eau ne coïncide avec
l'unité de poids qu'autant que la température est 4°. Il faut donc
ramener les observations à ce qu'elles auraient été, la température
du corps étant zéro, celle de l'eau 4°.

La première correction se fait aisément comme il suit, soit p et
p' les poids du corps dans l'air et dans l'eau, x sa densité et δ la
densité de l'air égale, comme nous avons dit plus haut, à environ
$\frac{1}{770}$, on a $\quad p = v(x - \delta) \quad p' = v(x - 1) \quad$ d'où :

$$\frac{p}{p'} = \frac{x - \delta}{x - 1} \qquad x = \frac{p}{p - p'} - \frac{p'\delta}{p - p'}.$$

On voit que le terme correctif a une valeur assez faible, qu'on
peut approximativement évaluer à environ $\frac{1}{1000}$ de la densité
obtenue. Les corrections de température se font très-simplement
aussi quand on connaît la dilatation de l'eau et de la substance sur
laquelle on expérimente. Nous remarquerons d'ailleurs que, en ce
qui tient aux solides, les différents états sous lesquels on peut les
rencontrer présentent des variations de densité tout à fait comparables, sinon supérieures, à celles qui proviendraient des correc-

tions précédentes, qui n'ont d'après cela qu'une médiocre importance. Il n'en est pas de même des corps liquides, qui, par divers
procédés, notamment la distillation, peuvent être amenés à des
états parfaitement identiques.

78. On détermine la densité des corps liquides par des méthodes
analogues à celles des corps solides : 1° *Méthode de la balance.*
On suspend une boule de verre, par exemple, à l'un des plateaux
de la balance hydrostatique, et on la pèse successivement dans
l'air, dans l'eau et dans le liquide dont on veut déterminer la
densité. Soient p, p', p'' les poids ainsi obtenus, $p - p'$ représente le poids d'un volume d'eau, $p - p''$ le poids d'un volume
de liquide, égaux à celui de la boule, la densité est donc $\dfrac{p - p''}{p - p'}$.

Fig 61.

2° *Méthode du flacon.* La méthode la plus simple et
la plus exacte pour déterminer la densité d'un liquide est
celle du flacon. Le flacon dont on se sert dans ce cas est
formé d'un tube de verre (fig. 61), terminé par un tube
étroit portant un point de repère. Une partie élargie sert
d'entonnoir et peut être fermée à l'aide d'un bouchon usé
à l'émeri. On remplit successivement le flacon d'eau et
de liquide jusqu'au point de repère, et on pèse. En tenant
compte du poids du flacon vide, on a le poids de volumes
égaux de liquide et d'eau, le quotient de l'un par l'autre
donne la densité. On peut appliquer à cette méthode la
correction relative à l'air déplacé que nous avons
indiquée plus haut, et quant à la correction de
température, on peut la rendre à peu près insensible en entourant le flacon de glace fondante ;
on n'a à tenir compte, de cette façon, que de la
petite dilatation de l'eau de 4° à zéro.

3° *Méthode de l'aréomètre de Fahrenheit.* On
peut employer aussi l'aréomètre de Fahrenheit.
Il se compose d'un tube de verre (fig. 62), terminé supérieurement par une tige sur laquelle
est un point de repère o, et qui supporte une

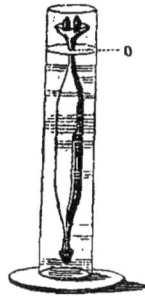

Fig. 62.

petite coupe. La partie inférieure renferme du mercure ou du
plomb servant de lest. On détermine d'abord le poids de l'instrument, soit p ce poids. On le plonge ensuite successivement dans
l'eau et le liquide dont on veut déterminer la densité, et on ajoute
les poids p' et p'', nécessaires pour produire l'affleurement ; $p+p'$,
$p + p''$, représentent les poids de volumes égaux d'eau et de

liquide ; on a donc pour la densité $D = \dfrac{p + p''}{p + p'}$.

79. On emploie souvent dans le commerce et l'in-
dustrie des instruments destinés à vérifier rapidement la
densité d'un liquide ; ce sont des tubes de verre (fig. 63),
renflés à leur extrémité inférieure et lestés de façon à
se tenir verticalement dans les liquides où on les plonge.
Le tube porte une graduation, et, d'après le point où
l'instrument s'affleure, on juge de la densité du liquide.
Ces instruments portent le nom générique d'*aréomètres* (¹).

Les deux instruments de ce genre les plus employés
sont le pèse-sel et le pèse-liqueur de Baumé.

1° *Pèse-sel.* Pour construire le pèse-sel, on leste l'instrument de façon que, plongé dans l'eau, il s'enfonce
à peu près jusqu'au sommet de la tige, en un point où

Fig. 63.

on marque 0. On fait ensuite une dissolution de 15 parties de sel
marin dans 85 parties d'eau ; au point d'affleurement, on marque
15, on divise l'intervalle en 15 parties égales, et on prolonge la
division au-dessous. Il suit de là que tous les pèse-sels gradués de
la même manière s'accorderont dans leurs indications, de sorte
qu'il suffira d'avoir dressé à l'avance une table qui donne les
densités correspondantes aux divers degrés de l'aréomètre, pour
que celles-ci puissent être rapidement reconnues par une simple
immersion de l'instrument.

Dans la pratique, souvent ce n'est pas la densité que l'on veut

(¹) On les appelle quelquefois aréomètres à poids constant, par opposition
aux aréomètres de Nicholson et de Fahrenheit, qui étant toujours immergés
jusqu'au même point, sont dits à volume constant.

connaître, mais plutôt le titre de la substance, c'est-à-dire la proportion d'eau qui se trouve associée avec elle. Ainsi l'acide azotique, par exemple, pouvant être à divers degrés de rectification, l'aréomètre fera connaître ces degrés si l'on a par avance dressé une table donnant, pour chaque indication du pèse-sel, la proportion d'eau que l'acide renferme.

Le pèse-sel sert encore à définir la densité d'un liquide par un nombre qui puisse être vérifié rapidement. Ainsi, par exemple, dans une opération industrielle où on concentre une dissolution, on sait que la concentration doit être poussée jusqu'à ce que la liqueur marque un degré déterminé au pèse-sel. Cette vérification se fait promptement; tandis qu'il serait presque impraticable de déterminer par les méthodes ordinaires la densité de la dissolution, afin de constater si c'est bien celle à laquelle on doit s'arrêter.

2° *Pèse-liqueur.* Pour construire le pèse-liqueur, on leste l'instrument de façon que, plongé dans l'eau, il s'affleure vers la partie inférieure, au cinquième environ de la longueur de la tige; au point d'affleurement on marque 10. On fait ensuite une dissolution de 10 parties de sel dans 90 parties d'eau; au point d'affleurement, on marque 0; on divise l'intervalle en 10 parties égales, et on prolonge la division en dessus. On emploie assez ordinairement à la place des degrés du pèse-liqueur de Baumé ceux de l'aréomètre de Cartier, qui en est une modification très-légère. Les n°s 22 coïncident, mais le degré 38 de Beaumé correspond à 37 de Cartier. Les degrés de Cartier sont donc un peu plus grands, puisqu'à partir de 22, 15° de Cartier valent 16° de Baumé. C'est à cet instrument que se rapportent les expressions d'alcool à 36°, à 40°... si souvent employées.

80. On a construit, sous le nom de *densimètres* ou de *volumètres*, des instruments semblables aux précédents, mais dont la graduation donne la densité du liquide, dans lequel on les immerge. Ces instruments sont peu employés, parce qu'ainsi que nous l'avons déjà dit, le but des aréomètres n'est pas précisément de déterminer les densités, mais de fournir des points de repère comparables.

Le principe de leur graduation est d'ailleurs très-simple : si on suppose en effet la tige cylindrique et divisée en parties égales, si l'on connaît en outre les degrés n et n' correspondants à l'immersion de l'instrument dans deux liquides de densités d et d', le principe d'Archimède permet de déterminer la densité x d'un liquide dans lequel l'instrument s'affleure au numéro N. Appelant V et V′ les volumes de l'instrument jusqu'aux points n et n', on a :

$$Vd = V'd', \text{ d'où } V - V' = V'\left(\frac{d'-d}{d}\right).$$

Le volume d'une division est donc égale à $V'\left(\dfrac{d'-d}{d}\right) \cdot \dfrac{1}{n'-n}$, d'où il suit que le volume immergé jusqu'en N est

$$V' + (n' - N)\, V'\frac{d'-d}{d} \cdot \frac{1}{n'-n};$$

ce volume liquide a un poids égal à celui de l'instrument, ce qui donne la relation

$$Vd = V'd' = V'\left\{1 + \frac{N-n'}{n-n'}\, \frac{d'-d}{d}\right\}x, \text{ d'où :}$$

$$x = \frac{d'}{1 + \dfrac{N-n'}{n-n'} \cdot \dfrac{d'-d}{d}} \qquad [a]$$

Appliquons cette formule au cas du volumètre de Gay-Lussac. On leste l'instrument de façon que, plongé dans l'eau, il s'enfonce à peu près jusqu'au sommet de la tige, en un point où l'on marque 100. On fait ensuite une dissolution d'une densité égale à $\frac{4}{3}$; le volume immergé n'est que les $\frac{3}{4}$ du volume primitif, et au point d'affleurement on marque 75 ; il est clair que si l'instrument s'affleure au numéro N, c'est que le volume immergé est égal à cette quantité, et par suite la densité est exprimée par $\frac{100}{N}$.

C'est aussi ce que donne la formule [a], lorsqu'on y fait $n = 100$

$n' = 75$ $d = 1$ $d' = \dfrac{4}{3}$.

Au reste, le pèse-sel et le pèse-liqueur de Baumé peuvent servir aussi de densimètres : il suffit pour cela d'employer pour le pèse-sel la formule $D = \dfrac{144}{144 - N}$ et pour le pèse-liqueur $D = \dfrac{127}{117 + N}$.

On déduit ces formules de la formule générale [a], en posant dans le premier cas $n = 0$ $n' = 15$ $d = 1$, d', densité de la dissolution saline, $= 1,115$; dans le second cas, $n = 10$ $n' = 0$ $d' = 1,085$.

81. Gay-Lussac a construit un aréomètre qui donne directement la proportion d'alcool réel contenu dans un esprit, c'est-à-dire dans un mélange d'alcool et d'eau. Cet instrument a été adopté par l'administration pour établir les droits à percevoir sur les esprits, droits qui sont basés sur le volume d'alcool réel que ces liquides renferment. L'alcoomètre a la forme d'un aréomètre ordinaire; il est lesté de façon que, plongé dans l'alcool absolu, il s'enfonce à peu près jusqu'au haut de la tige, en un point où l'on marque 100.

Pour déterminer les autres points, on fait directement un certain nombre de mélanges d'eau et d'alcool, et on observe la contraction. Si, par exemple, on mêle V litres d'eau et V′ litres d'alcool, le mélange n'a plus qu'un volume U inférieur à V + V′. La proportion p. 100 en volume d'alcool réel que renferme un pareil mélange est donc $100 \dfrac{V'}{U}$. On plonge l'instrument dans ces différents mélanges, et on a ainsi, sur l'échelle de 0 à 100, un certain nombre de points correspondants à des proportions connues. On déduit de là, soit par une méthode graphique, soit par une méthode d'interpolation, les points correspondants à des proportions représentées par des nombres entiers, 90 p. 100, 80 p. 100, etc. Dès qu'une échelle est construite, toutes les autres, qui lui sont semblables, peuvent s'en déduire par une construction géométrique.

La graduation de l'alcoomètre ayant été faite à la température de 15°, Gay-Lussac a publié des tables de correction pour les cas où l'on opérerait à des températures différentes. Ces corrections sont sensiblement représentées par la formule suivante :

$$n' = n - 0,4(t - 15°)$$

n est l'indication de l'instrument à la température t, n' l'indication corrigée.

CHAPITRE XVII

Compressibilité des liquides. — Expériences propres à la mesurer.

82. Des expériences très-nombreuses ont été faites dans le but de constater et de mesurer la compressibilité des liquides. Les premières sont dues aux académiciens de Florence; elles eurent un résultat négatif, et pendant longtemps on admit que si les liquides étaient compressibles, ils l'étaient du moins trop peu pour qu'on pût s'en assurer par l'expérience. La non-compressibilité des liquides est entièrement incompatible avec les idées que nous avons énoncées (12) sur la constitution des corps; et, en effet, des expériences convenablement conduites ont établi péremptoirement que, comme tous les corps, les liquides sont compressibles.

83. L'appareil à l'aide duquel on peut, dans les cours de physique, démontrer et mesurer même la compressibilité de l'eau, est dû à Œrstedt. Il se compose (fig. 64) d'un tube thermométrique bc, divisé en parties d'égale capacité, auquel est soudé un très-gros réservoir, dont le volume est connu en fonction des divisions du tube. C'est dans cette espèce de thermomètre, qui reçoit le nom particulier de piézomètre, qu'est renfermé le liquide à comprimer. Une petite bulle de mercure, placée à l'extrémité de la colonne liquide, sert d'index; à côté du piézomètre se trouve un tube ef, fermé à sa partie supérieure, contenant de l'air qui, par son volume, indique la pression à laquelle l'appareil est soumis. On introduit le piézomètre dans un cylindre en verre très-épais A, plein de liquide que l'on peut comprimer au moyen du piston, lequel s'enfonce par un mouvement de vis V. On peut reconnaître ainsi

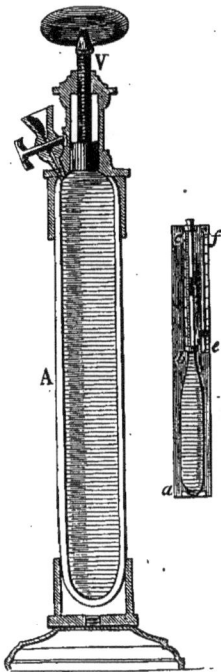

Fig. 64.

très-aisément que le volume de l'eau diminue quand la pression augmente, et l'on voit de plus que la compression est sensiblement proportionnelle à la pression.

C'est par cette méthode, légèrement modifiée, que MM. Sturm et Colladon.ont déterminé la compressibilité d'un certain nombre de liquides. Malgré le soin avec lequel ces expériences ont été exécutées, on peut considérer les nombres obtenus comme un peu incertains. On remarquera, en effet, que la diminution observée dans le volume du liquide, n'est que la compression apparente ; la compression réelle dépend de la diminution de capacité du vase lui-même. Nous avons vu (14) que si a est l'allongement de l'unité de longueur de la substance dont est formé le piézomètre, sous une traction égale à p par unité de surface, la compression cubique sous une force égale est représentée

par $\frac{3}{2}\,a$. Mais ce résultat lui-même n'est pas à l'abri de toute contestation. Les expériences de M. Wertheim paraissent établir que la compression cubique est égale à l'allongement linéaire. On voit donc que la mesure expérimentale de la compression des liquides est liée à la théorie des forces moléculaires, théorie, comme on sait, encore fort obscure, et dont les principes ne sont pas arrêtés d'une manière absolue.

84. Toutefois, les erreurs numériques qui peuvent résulter de l'incertitude de la théorie de l'élasticité, ne sont pas considérables,

et on peut tirer de cette théorie un utile secours, dans l'étude de la compressibilité des liquides.

Considérons, par exemple, un piézomètre cylindrique, terminé par deux calottes sphériques, et muni d'un tube de verre divisé en parties d'égale capacité; si l'on suppose cet appareil rempli d'un liquide et soumis à une pression exprimée en millimètres par P, on aura, d'après la théorie, les trois formules suivantes :

[1] $W = W' + W''$

[2] $C = \dfrac{\alpha}{P} \cdot \dfrac{4\,W'}{11(1 + M)u + 9(N + 1)V}$

[3] $\mu = \dfrac{\alpha}{P} \left[\dfrac{W''}{u + V} + \dfrac{3\,W'}{11(1 + M)u + 9(N + 1)V} \right]$

dans lesquelles C est la compressibilité cubique de l'enveloppe, μ celle du liquide, W la diminution apparente du volume, quand la pression s'exerce à l'intérieur seulement, W' l'augmentation apparente de volume quand la pression s'exerce à l'extérieur seulement, W'' la diminution du volume du liquide quand la pression se fait sentir simultanément à l'extérieur et à l'intérieur, α la capacité d'une division de la tige. On désigne de plus par R et R' les rayons intérieur et extérieur du cylindre; u le volume du cylindre $= \pi R^2 H$; $V = \dfrac{4}{3}\pi R^3$ celui des deux hémisphères

$$N = \dfrac{R^3}{R'^3 - R^3} \quad M = \dfrac{R^2}{R'^2 - R^2}.$$

Pour se placer dans les conditions que supposent les formules [1] [2] [3], M. Regnault a fait construire l'appareil représenté fig. 65. Il se compose d'un piézomètre A, dont le réservoir et une portion de la tige sont renfermés dans une caisse en cuivre BB, contenant de l'eau. Cette caisse peut être mise en communication avec la partie supérieure du piézomètre par le tube recourbé, muni des deux robinets a et c. Par le tube m, elle communique également avec le réservoir d'air comprimé, dont un manomètre donne la force élastique. Les robinets b et d permettent de faire communiquer le vase BB, ou le piézomètre avec l'atmosphère. Le vase BB est maintenu dans un autre plus grand MM, également plein d'eau,

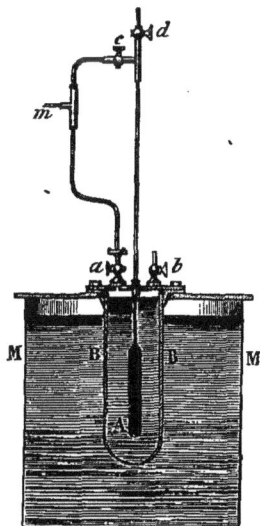

Fig. 63.

qui empêche que la température du piézomètre ne puisse changer sensiblement pendant la durée d'une expérience. Il résulte de ces dispositions qu'on pourra à volonté, en ouvrant ou fermant les robinets, produire une pression ou à l'intérieur ou à l'extérieur seulement du piézomètre, ou bien à l'intérieur et à l'extérieur à la fois. On pourra donc mesurer séparément W, W' et W''. Les autres quantités que renferment les formules, sont des éléments du piézomètre, faciles à déterminer.

C'est à l'aide de cet appareil qu'on a étudié la compressibilité d'un certain nombre de liquides. On a trouvé ainsi quelques résultats qu'il est bon de connaître :

1° La compressibilité de l'eau est égale à 0,0000481, pour une pression atmosphérique ; elle augmente proportionnellement à la pression ; elle diminue quand la température augmente.

2° Pour l'alcool, l'éther et quelques autres liquides, la compressibilité augmente avec la pression et avec la température. Ce dernier résultat est le contraire de ce qui a lieu pour l'eau.

3° La compressibilité du mercure est faible, difficile à observer dans un piézomètre de verre ; sa valeur moyenne, utile à connaître dans certaines expériences, est d'environ 0,0000035l7 pour une pression atmosphérique.

CHAPITRE XVIII

Propriétés communes aux liquides et aux gaz. — Pression atmosphérique. — Construction
du baromètre.

85. Les conditions d'équilibre que nous avons indiquées plus
haut pour les liquides, sont également applicables aux gaz. Ainsi
les pressions résultant, soit des forces extérieures, soit des forces
mutuelles, s'exercent normalement et se transmettent avec la même
intensité dans toutes les directions. Dans une masse de gaz soumise
à l'action de la pesanteur, les surfaces de niveau sont des surfaces
horizontales ; toutefois, quand plusieurs gaz sont mêlés, ils ne se
disposent point comme les liquides dans l'ordre de leurs densités ;
ils se mêlent toujours d'une manière intime, par suite d'une diffu-
sion de molécules, analogue à ce qui se passe entre des liquides
qui peuvent se dissoudre l'un dans l'autre. Nous reviendrons plus
loin sur les faits relatifs au mélange des gaz.

86. L'air atmosphérique qui forme autour de la terre une
couche de quinze à vingt lieues d'épaisseur, étant soumis comme
tous les autres corps à l'action de la pesanteur, il en résulte en
chaque point de la surface du sol, une pression que l'on appelle
la *pression atmosphérique*, et qui joue un rôle capital dans un
grand nombre de phénomènes naturels. Les effets de cette pression
se manifestent dans quelques circonstances très-simples. Si, par
exemple, on remplit un verre d'eau et qu'on applique sur son
ouverture une feuille de papier, on pourra le renverser sans que
le liquide s'écoule. C'est la pression de l'air qui empêche l'eau
de tomber ; quant à la feuille de papier, elle a pour but de s'opposer
au mouvement individuel des molécules liquides, qui sans elle
obéiraient séparément à l'action de la pesanteur, en même temps
que l'air s'introduirait dans le vase. Toutefois, si l'ouverture était
très-petite, l'adhérence de l'eau contre les parois produirait un
effet analogue, et la feuille de papier deviendrait inutile. C'est aussi
à cause de la pression de l'air, que si on vient à pratiquer une ou-

verture dans un tonneau plein de liquide, celui-ci ne s'écoule pas,
à moins qu'on ne pratique une autre ouverture supérieurement,
qu'on donne de l'air, suivant l'expression consacrée.

On pourrait, à l'aide de l'expérience précédente, chercher à
évaluer approximativement l'intensité de la pression atmosphérique ; il suffirait d'employer des tubes de diverses longueurs. On
constaterait que tant que le tube n'aurait pas 10 mètres environ,
l'expérience réussirait ; tandis qu'elle échouerait pour des longueurs
plus considérables. On conclurait de là qu'une surface quelconque
est pressée par l'air comme elle le serait par une colonne d'eau de
10 mètres environ de hauteur. Mais ce serait là un procédé très-
imparfait. On doit à Torricelli une expérience qui met en évidence
la pression atmosphérique et permet d'en mesurer l'intensité avec
beaucoup de précision. Cette expérience, exécutée à une époque où
le poids de l'air et la pression qui en résulte étaient à peine soup-
çonnés, est une de celles qui ont le plus grandement contribué aux
progrès de la physique.

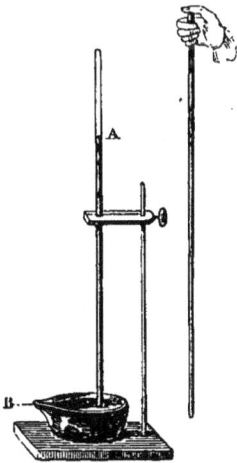

Fig. 66.

87. On remplit de mercure un tube
de verre A de 80 centimètres de longueur
environ (fig. 66), et de 7 à 8 millimètres
de diamètre, puis après l'avoir bouché
avec le doigt, on le renverse dans une
cuvette B renfermant aussi du mercure.
Lorsqu'on ôte le doigt, on voit le métal
descendre et s'arrêter à une hauteur un
peu variable, mais moyennement égale
à 76 centimètres. Les conséquences de
cette expérience sont faciles à préciser.
En effet, les différents points de la surface horizontale du mercure dans la cuvette, étant soumis à une même pression,
la portion de cette surface située dans le
tube A, est pressée par le mercure comme
elle le serait par l'air. La pression atmosphérique est donc équivalente au poids d'une colonne de mercure de 76 centimètres de

hauteur. Cette hauteur n'est pas toujours ni partout la même ; en
général, si on la désigne par H, par D la densité du mercure, la
pression de l'atmosphère sur une surface S sera représentée par SHD.

88. L'atmosphère qui presse sur le mercure de la cuvette et le
mercure du tube sont dans des conditions analogues à celles de
deux liquides, dans des vases communiquants ; si donc l'air avait
partout la même densité qu'à la surface du sol, on pourrait facilement calculer la hauteur de l'atmosphère. On aurait en effet la
relation $\dfrac{h}{0^m,76} = \dfrac{d}{d'}$, $\dfrac{d}{d'}$ étant le rapport de la densité du mercure à celle de l'air. Ce rapport étant à peu près égal à 10466 on
a $h = 10466 \times 0^m,76 = 7954^m$; mais à raison de la compressibilité de l'air, celui-ci devient de moins en moins dense à mesure
qu'on s'élève, et par suite la hauteur réelle de l'atmosphère est
beaucoup plus considérable.

89. Si on faisait l'expérience de Torricelli avec un autre liquide
que le mercure, la hauteur varierait en raison inverse de sa densité,
comparée à celle du métal. Ainsi pour l'eau cette hauteur serait
de $0^m,76 \times 13,59 = 10^m,4$ environ.

90. Si on applique contre le tube une
échelle portant une division en parties
d'égale longueur, on pourra à chaque
instant mesurer la hauteur de la colonne
de mercure qui fait équilibre à la pression
atmosphérique, on aura ce qu'on appelle
un baromètre (fig. 67). Ces instruments,
surtout quand ils sont destinés à des observations scientifiques, doivent être construits
avec beaucoup de soin et des précautions
toutes particulières. Les baromètres de Fortin et de Gay-Lussac, que nous décrirons
tout à l'heure, présentent à cet égard
toutes les garanties nécessaires. Il est bon
toutefois de remarquer que, quand l'ap-
pareil ne doit pas être transporté, chaque observateur peut facile-

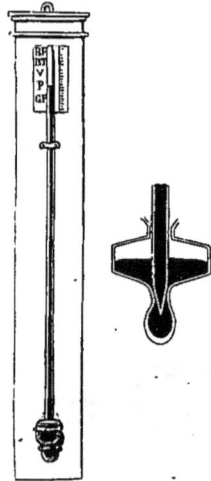

Fig. 67.

ment le construire lui-même dans de très-bonnes et très-simples
conditions d'exactitude. On prend pour cela un tube cylindrique d'un
diamètre considérable, 20 à 25 millimètres, afin de rendre à peu
près insensibles les effets de la capillarité ; on le ferme à une de ses
extrémités, on l'effile et on le recourbe un peu à l'autre ; on le
remplit ensuite presqu'en entier de mercure parfaitement pur. On
purifie le mercure en le filtrant et le distillant. Il est bon avant cette
dernière opération de traiter le métal par l'acide azotique qui dissout
l'oxyde de mercure qui a pu se former ; les autres métaux réagis-
sant sur le sel de mercure, prennent la place de ce dernier, qui se
trouve ainsi reproduit. On place ensuite le tube sur une longue
grille, où tout le métal peut être porté jusqu'à la température de son
ébullition, afin d'expulser l'air et l'humidité. On achève de remplir
avec du mercure chaud dont on élève encore la température, afin
de chasser les bulles d'air qui auraient pu être entraînées par lui,
et enfin le tube étant bien plein, on le renverse dans la cuvette et
on l'assujettit dans une position invariable. Pour mesurer la hauteur de la colonne de mercure soulevée, on dispose au-dessus de la
cuvette, une vis verticale terminée en pointe à ses deux extrémités,
et dont la partie moyenne se meut dans un écrou fixe. Quand on
veut faire une observation, on amène la pointe inférieure en contact avec le métal de la cuvette, puis à l'aide du cathétomètre, on
mesure la hauteur du mercure au-dessus de la pointe supérieure ; en
y ajoutant la hauteur verticale de la vis, qu'on a pu mesurer une
fois pour toutes, on a la hauteur barométrique.

Pour avoir la température du baromètre, on place à côté un
tube de même diamètre, mais tourné en sens contraire et plein de
mercure. Un thermomètre plonge dans le métal et se trouve ainsi
dans les mêmes conditions que s'il plongeait dans le baromètre
lui-même.

91. *Baromètre de Fortin.* La cuvette du baromètre de Fortin
(fig. 68) est formée par un tube de verre, sur les bords inférieurs
de laquelle est assujettie une peau, que l'on peut élever ou abaisser
par le moyen de la vis T. Cette vis dépend d'une garniture métallique, qui enveloppe le tube de verre à la partie supérieure et à

la partie inférieure, en laissant en évidence la partie moyenne pour qu'on puisse observer le niveau du mercure. Le tube barométrique est enveloppé dans toute sa longueur d'un tube de cuivre, évidé de deux côtés opposés sur lequel est gravée l'échelle, dont le zéro est à l'extrémité inférieure d'une pointe d'acier fixée au couvercle de la cuvette. Un curseur muni d'un vernier se meut sur le tube de cuivre; le zéro de ce vernier correspond au bord inférieur du curseur lui-même. Lorsqu'on veut faire une observation, on amène à l'aide de la vis le niveau du mercure, au contact de la pointe d'acier, et on fait mouvoir le curseur, jusqu'à ce que le plan horizontal qui contient le zéro, soit tangent au ménisque du mercure, ce que l'on reconnaît facilement, car à ce moment on cesse d'apercevoir le jour entre le métal et le bord du vernier. La pression atmosphérique se transmet par une petite ouverture pratiquée sur la partie supérieure de la cuvette; dans cette ouverture passe une petite vis dont quelques spires sont échancrées; de cette façon on peut à volonté supprimer ou établir la communication avec l'air extérieur. La température du baromètre est indiquée par un thermomètre dont le réservoir est appliqué contre le tube barométrique et est contenu sous la même enveloppe de cuivre.

Lorsqu'on veut transporter l'instrument on élève la vis T, de manière à remplir complétement le tube de mercure, afin d'éviter les oscillations du métal; pour être sûr de la verticalité de l'appareil dans une observation sur le terrain, on le suspend à un trépied à l'aide d'une suspension de Cardan.

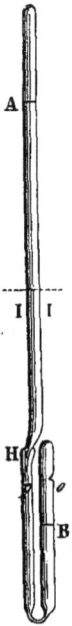

Fig. 68.

92. *Baromètre de Gay-Lussac.* Le baromètre de Gay-Lussac (fig. 69) est un baromètre à siphon, formé d'un tube recourbé AHB, dont les deux branches d'égal diamètre

Fig. 69.

8

communiquent entre elles par un tube plus étroit. La longue
branche est fermée et la petite présente une petite ouverture o,
suffisante pour laisser pénétrer l'air, mais qui ne permettrait pas
la sortie du mercure. La pression atmosphérique est donnée dans
cet instrument par la différence de niveau du mercure dans les
deux branches. On mesure cette différence de niveau à l'aide d'une
échelle gravée sur le tube en cuivre qui enveloppe l'instrument,
munie de deux verniers situés vers les deux extrémités de la
colonne de mercure. Lorsque l'on veut transporter l'instrument,
on le renverse avec précaution; la longue branche s'emplit ainsi
de mercure et l'excédant du métal tombe à l'extrémité de la petite
branche. Un trépied muni d'une suspension de Cardan, permet,
comme pour le baromètre de Fortin, d'établir l'instrument dans
une position verticale, quand on veut faire une observation.

Dans les différents mouvements qu'éprouve l'instrument, il
peut arriver que l'air finisse par s'introduire dans la branche barométrique, auquel cas l'appareil est hors de service. M. Bunten a
modifié le baromètre de Gay-Lussac, de manière à rendre cette
introduction impossible ou tout au moins très-difficile. La longue
branche se termine en H, par une pointe effilée p, qui pénètre dans
une partie élargie du tube de communication entre les deux
branches; il suit de là que, si une bulle d'air venait à passer dans
la longue branche comme elle se meut le long des parois, elle vien-
drait s'arrêter entre la portion effilée du tube et la partie élargie qui
l'enveloppe; elle n'aurait dès lors aucune influence sur la hauteur
de la colonne barométrique.

93. Les hauteurs du baromètre, pour pouvoir être comparées
entre elles, doivent subir diverses corrections.

1° Lorsque le diamètre du tube est inférieur à 20 ou 25 millimètres, et c'est le cas de tous les baromètres proprement dits, il y
a une dépression due à la capillarité. Nous verrons plus loin le
moyen d'en calculer la valeur. On avait pensé que dans le baromètre de Gay-Lussac les deux branches ayant le même diamètre, la
différence de niveau ne devait point être affectée par la capillarité :
l'expérience n'a pas confirmé cette prévision ; les deux extrémités de

la colonne de mercure se trouvant dans des conditions différentes, la dépression n'a pas pour chacune d'elles la même valeur. Il y a donc lieu à une correction qui, si elle est plus petite en valeur absolue, est plus incertaine que dans le cas du baromètre de Fortin.

2° La densité du mercure variant avec la température, la hauteur du baromètre doit toujours être ramenée à ce qu'elle serait si la température était 0. Cette correction est fort simple; si h_t et h_o indiquent les hauteurs à t et à o; d_t, d_o les densités et K le coefficient de dilatation du mercure, on aura la relation

$$\frac{h_o}{h_t} = \frac{d_t}{d_o} = \frac{1}{1 + Kt}, \text{ d'où } h_o = \frac{h_t}{1 + Kt}.$$

3° Il faut tenir compte aussi de la dilatation de l'échelle qui sert à la mesure des hauteurs. Si en effet on suppose que c'est à 0° que les unités de longueur sont exactes, à t degrés, chacune d'elles se sera accrue, et h_t divisions vaudront en réalité $h_t(1 + \delta t)$, δ étant le coefficient de dilatation linéaire de la substance dont l'échelle est formée.

94. Le baromètre est souvent employé pour la mesure des hauteurs. La pression atmosphérique diminue en effet à mesure qu'on s'élève dans l'air; on conçoit donc qu'il existe une relation entre la distance verticale de deux couches de niveau dans l'atmosphère et la pression qui règne sur chacune de ces couches. Cette relation serait même fort simple, si la température ne variait pas dans l'étendue de la colonne d'air.

Considérons en effet (fig. 70) 3 tranches consécutives et équidistantes, telles que les pressions exercées sur la base inférieure soient p_{n-2}, p_{n-1}, p_n; les densités étant supposées constantes dans toute l'étendue de ces couches et égales δ_n, δ_{n-1}, δ_{n-2}. Le poids de la couche inférieure est $p_n - p_{n-1}$, celui de la seconde couche, $p_{n-1} - p_{n-2}$.

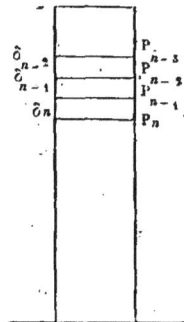

Fig. 70.

Ces poids sont proportionnels aux densités, par conséquent

$\dfrac{p_n - p_{n-1}}{p_{n-1} - p_{n-2}} = \dfrac{\delta_n}{\delta_{n-1}}$; mais dans chaque couche la densité est proportionnelle à la pression, donc :

$$\dfrac{\delta_n}{\delta_{n-1}} = \dfrac{p_{n-1}}{p_{n-2}}, \text{ d'où } \dfrac{p_n - p_{n-1}}{p_{n-1} - p_{n-2}} = \dfrac{p_{n-1}}{p_{n-2}}$$

et par suite :

$$\dfrac{p_n}{p_{n-1}} = \dfrac{p_{n-1}}{p_{n-2}}$$

On est donc conduit à ce résultat, que, pour des hauteurs variant en progression arithmétique, les pressions varient en progression géométrique.

Si donc on appelle p_0 la pression à la surface du sol, par exemple, p la pression à la hauteur z, on aura $p = p_0 q^{-z}$, q désignant un facteur constant, d'où $z = \dfrac{1}{\text{Log } q} \text{ Log } \dfrac{p_0}{p}$. Il suffirait donc de déterminer par l'expérience la valeur de $\dfrac{1}{\text{Log } q}$ pour pouvoir employer cette formule à la mesure des hauteurs.

Cette formule suppose que la température et l'intensité de la pesanteur ne varient pas dans toute la hauteur z ; cette hypothèse est inexacte. Il faudrait tenir compte aussi de l'état d'humidité de l'air qui change notablement avec la hauteur. La loi suivant laquelle ces diverses quantités varient n'est pas connue, du moins pour toutes ; aussi la formule pour la mesure des hauteurs par le baromètre est fondée sur des considérations en partie empiriques.

Lorsque la hauteur à mesurer n'est pas très-considérable, ne dépasse pas, par exemple, 6000^m, on peut employer la formule suivante, qui est assez simple :

$$z = 18393 . (1 + 0{,}002837 \cos 2\lambda)\left(1 + \dfrac{2(t + t')}{1000}\right) \text{Log } \dfrac{\text{H}}{h}.$$

λ désigne la latitude moyenne entre les deux stations, H et h les hauteurs barométriques, t et t' les températures. On a construit des tables qui donnent immédiatement les différents facteurs pour les diverses valeurs des variables qu'ils renferment. Ces tables se trouvent dans l'*Annuaire* publié par le Bureau des Longitudes.

CHAPITRE XIX

Poids des corps plongés dans l'air. — Aérostats.

93. La démonstration du principe d'Archimède que nous avons donnée (61) est applicable aux gaz aussi bien qu'aux liquides. Par conséquent, un corps plongé dans l'air ou un gaz quelconque perd de son poids une quantité égale au poids du volume de gaz déplacé.

Il suit de là que si un système quelconque a un poids inférieur au poids d'un égal volume d'air, il s'élèvera dans l'atmosphère. Si, par exemple, on insuffle de l'hydrogène dans des bulles de savon et qu'on les détache du tube où elles se forment, lorsqu'elles auront acquis un volume suffisant, on les verra s'élever dans l'air.

95. C'est sur ce même principe que sont fondés les aérostats. Nous n'entrerons ici dans aucun détail relativement à ces appareils, qui sont si connus; nous nous bornerons à dire que ce sont des enveloppes sensiblement sphériques, ordinairement en taffetas verni, renfermant un gaz plus léger que l'air. Si le volume est assez grand pour que le poids de l'enveloppe et du gaz contenu soit inférieur au poids de l'air déplacé, l'appareil s'élèvera. Montgolfier employait, pour gonfler le ballon, de l'air chaud; Charles proposa le gaz hydrogène, qui a été assez généralement employé depuis. Aujourd'hui on se sert assez ordinairement du gaz d'éclairage, à cause de la facilité qu'on a de se le procurer, et de son prix moins élevé. On peut comparer ces trois méthodes sous le rapport de la force ascensionelle produite. En effet,

1 mètre cube d'air pèse. . . . . 1300^s

1 mètre cube d'hydrogène. . . . . . $1300^s \times 0,069 \ = \ 89^s$

1 mètre cube de gaz d'éclairage . . . $1300^s \times 0,55 \ = \ 715^s$

1 mètre cube d'air chauffé à 200° $\dfrac{1300^s}{1 + 200.0,00366} \ = \ 800^s$

On voit donc que la force ascensionnelle par mètre cube est pour l'hydrogène, 1210^g; pour le gaz d'éclairage, 585^g, et pour l'air chauffé à 200°, 500^g. On peut connaître ainsi d'avance quel est à peu près le volume à donner à l'aérostat, suivant le poids qu'il doit enlever.

96. Comme la pression diminue à mesure que l'aérostat s'élève, on a soin de ne pas gonfler l'appareil complétement au moment du départ. Il suit de là que son volume augmente pendant l'ascension; en outre, tant qu'il n'est pas complétement gonflé, sa force ascensionnelle est constante.

En effet, si la pression de p devient p', le volume augmente dans le rapport de 1 à $\dfrac{p'}{p}$; mais la densité du gaz intérieur et de l'air diminuent dans le même rapport. Par conséquent, si V désigne le volume primitif de l'aérostat, D et δ les densités de l'air et du gaz, lorsque la pression est p, la force ascensionnelle primitive est VD — Vδ; lorsque la pression est devenue p', cette force est

$$V \frac{p}{p'} \left(D \frac{p'}{p} - \delta \frac{p'}{p} \right) = VD - V\delta.$$

Si donc on faisait abstraction de la résistance de l'air, le mouvement pendant cette première période serait uniformément accéléré. A partir du moment où l'aérostat est complétement gonflé, la force ascensionnelle diminue, jusqu'à ce que l'appareil pénètre dans une couche dont le poids, sous le même volume, soit égal au sien. En vertu de la vitesse acquise, il dépasse cette couche et finit par s'y fixer après un certain nombre d'oscillations.

97. Il existe à la partie supérieure de l'aérostat une soupape retenue par une corde, dont l'extrémité arrive jusque dans la nacelle où se trouve l'aéronaute. Lorsque celui-ci veut descendre, il n'a qu'à ouvrir la soupape; s'il veut s'élever, au contraire, il jette du lest.

CHAPITRE XX

Loi de Mariotte. — Expériences de M. Regnault.

98. Lorsqu'un gaz, renfermé dans un espace à parois mobiles, est soumis à des pressions graduellement croissantes, il se réduit à un volume de plus en plus petit. Mariotte a déduit d'expériences faites sur ce point que, la température restant constante, les *volumes varient en raison inverse des pressions*, ou, en d'autres termes, les *densités varient proportionnellement aux pressions.* Si V et V′ sont les volumes d'une même masse de gaz soumise aux pressions P et P′; D et D′ les densités correspondantes, on doit avoir $\dfrac{V}{V'} = \dfrac{P'}{P} = \dfrac{D'}{D}.$

C'est en cela que consiste la loi de Mariotte.

99. On peut, approximativement du moins, et pour de petites pressions, vérifier cette loi au moyen de l'appareil suivant employé par Mariotte lui-même. Il se compose (fig. 71) d'un tube recourbé ABCD à branches inégales. La longue branche a de deux à trois mètres de longueur, et est ouverte à sa partie supérieure; la petite branche, beaucoup plus courte, peut être fermée au moyen d'un robinet r. Le tube est appliqué contre une planche portant une double division à partir d'une même ligne horizontale : la division de la longue branche est en parties d'égale longueur, celle de la petite correspond à des parties du tube d'égale capacité. Pour faire l'expérience, on ouvre le robinet r, et on verse du mercure par l'extrémité de la longue branche; le métal s'élève au même niveau de chaque côté, et on en ajoute jusqu'à ce qu'il atteigne l'origine de la graduation. On ferme alors le

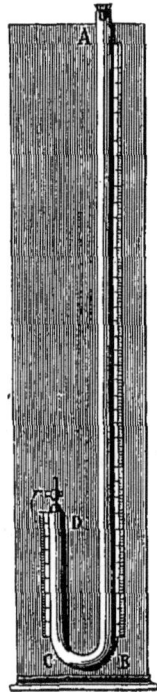
Fig. 71.

robinet, et on a ainsi une masse de gaz, séparée de l'air extérieur, et dont on connaît exactement le volume. Pour faire varier la pression, on verse du mercure par l'extrémité ouverte de l'appareil; le volume de la masse de gaz diminue, et lorsque la différence de niveau dans les deux branches est égale à la hauteur actuelle

Fig. 72.

du baromètre, ce qui correspond à une pression de deux atmosphères, on reconnaît que ce volume est réduit à la moitié de ce qu'il était primitivement. Si l'on verse du mercure jusqu'à ce que la différence de niveau soit de deux, trois fois la hauteur du baromètre, le volume est réduit au tiers, au quart de sa valeur initiale. Les dimensions de l'appareil, tel qu'on le trouve dans la plupart des cabinets de physique, ne permettent pas de pousser la vérification au delà.

100. On peut vérifier la loi de Mariotte, pour des pressions inférieures à la pression atmosphérique, à l'aide de l'expérience suivante. On prend un tube barométrique AB (fig. 72), dans lequel on introduit une certaine quantité de mercure; on le renverse dans une cuvette profonde contenant le même métal, et on l'élève ou on l'abaisse jusqu'à ce que le niveau du mercure soit le même à l'extérieur et à l'intérieur, ce qui veut dire que l'air intérieur est à la pression de l'atmosphère; on note la longueur AB. On soulève alors le tube, l'air se dilate et le mercure s'élève; lorsque la colonne de mercure soulevée a une hauteur égale à la moitié de celle du baromètre, l'air n'est plus qu'à la pression d'une demi-atmosphère, et on reconnaît que son volume actuel CE est précisément le double du volume primitif AB.

101. Plusieurs physiciens ont, à diverses époques, exécuté des

expériences dans le but de s'assurer si la loi de
Mariotte est vraie pour l'air atmosphérique soumis
à de très-fortes pressions, et si elle peut aussi s'appliquer à tous les autres gaz. Il résulte de l'ensemble
de ces recherches que pour l'air atmosphérique,
l'azote, l'hydrogène et la plupart des gaz non liqué-
fiables, la compression se fait d'une manière sensiblement conforme à la loi, même pour des pressions
extrêmement considérables. Il n'en est pas de même
pour l'acide sulfureux, l'acide carbonique, le gaz
oléfiant, etc. Pour quelques-uns d'entre eux, la différence entre leur compressibilité réelle et celle qui
résulte de la loi de Mariotte, est assez considérable
pour que, dans beaucoup de circonstances, il soit
absolument nécessaire d'en tenir compte.

102. M. Pouillet a fait sur ce point une série d'expériences importantes à l'aide d'un appareil très-
propre à montrer l'inégale compressibilité des différents gaz. Il se compose d'une boîte en fonte d′
(figure 73) renfer-
mant du mercure,
et au-dessus de ce
métal, de l'huile.
Dans ce dernier li-
quide s'enfonce un
piston plongeur h,
dont la partie su-
périeure, façonnée
en vis, passe à tra-
vers l'écrou K, et
peut être mue à
l'aide de la traverse
g. La boîte d′ com-
munique par un
tube de fer avec la

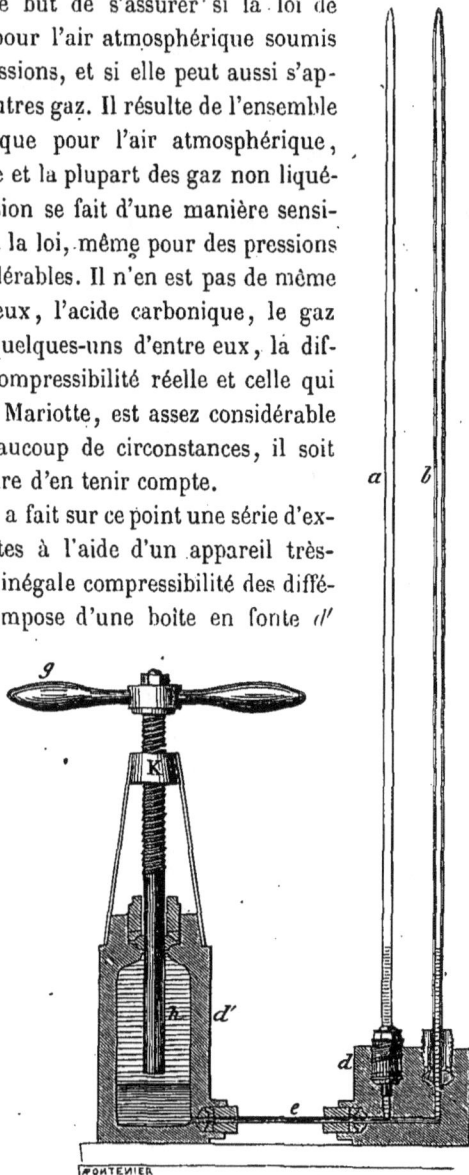

Fig. 73.

boîte d également en fonte; sur cette dernière sont solidement fixés deux tubes a, b de 2 mètres environ de longueur, de deux à trois millimètres de diamètre intérieur, et calibrés avec le plus grand soin. On introduit par les parties supérieures de ces tubes des gaz parfaitement desséchés, de façon qu'ils occupent le même volume, et on scelle au chalumeau les extrémités de ces tubes. On peut alors, à l'aide du piston plongeur, exercer une pression extrêmement considérable; on lit le volume occupé par les deux gaz, et on peut reconnaître aisément s'ils se compriment ou non suivant la même loi. En comparant, par exemple, l'air au cyanogène, à l'acide carbonique, au gaz ammoniaque, le désaccord se manifeste rapidement et d'une manière très-nette : ainsi sous la pression de 25 atmosphères, l'acide carbonique occupe un volume qui n'est que les $\dfrac{4}{5^{es}}$ de celui qu'occupe l'air.

M. Pouillet a reconnu d'ailleurs, en expérimentant sur différents gaz que, pour tous ceux qui ne suivent pas la loi de compression de l'air atmosphérique, l'écart a lieu dans le même sens que pour l'acide carbonique, c'est-à-dire qu'ils se compriment plus que l'air sous la même pression.

103. Les expériences les plus étendues et les plus précises sur ce point si important de la mécanique des gaz sont dues à M. Regnault. Nous allons donner une idée du mode d'expérimentation adopté par ce physicien ainsi que des résultats auxquels il est parvenu. Nous remarquerons d'abord que, dans l'appareil de M. Pouillet, ainsi que dans ceux qu'avaient employés MM. Despretz, Dulong, Arago, etc., à mesure que la pression augmente, les variations de volume deviennent de moins en moins sensibles, et, par suite, les déterminations de moins en moins précises. Dans les expériences de M. Regnault, un même volume de gaz, pris successivement sous diverses pressions, est constamment réduit à sa moitié. On observe la pression dans les deux circonstances, et, si la loi de Mariotte est vraie, dans le second cas elle doit être double de ce qu'elle est dans le premier. De cette façon, la mesure portant toujours sur un volume à peu près constant, la sensibilité reste la même, quelle que soit la pression à laquelle on opère.

L'appareil em-
ployé par M. Re-
gnault se compose
d'un réservoir en
fer A (fig. 74),
contenant du mer-
cure, muni à sa
partie supérieure
d'une pompe à eau
P. Par sa partie
nférieure, ce vase
communique avec
un cylindre égale-
ment en fer B, qui
porte deux tubu-
ures. La commu-
nication entre le
réservoir et le cy-
lindre peut d'ail-
leurs être établie
ou supprimée à
l'aide d'un robinet
r exécuté avec une
grande perfection.
Dans la tubulure c
du cylindre est so-
lidement engagée
l'extrémité d'une
série de tubes de
cristal placés bout
à bout, joints les
uns aux autres
avec un grand de-
gré de solidité et

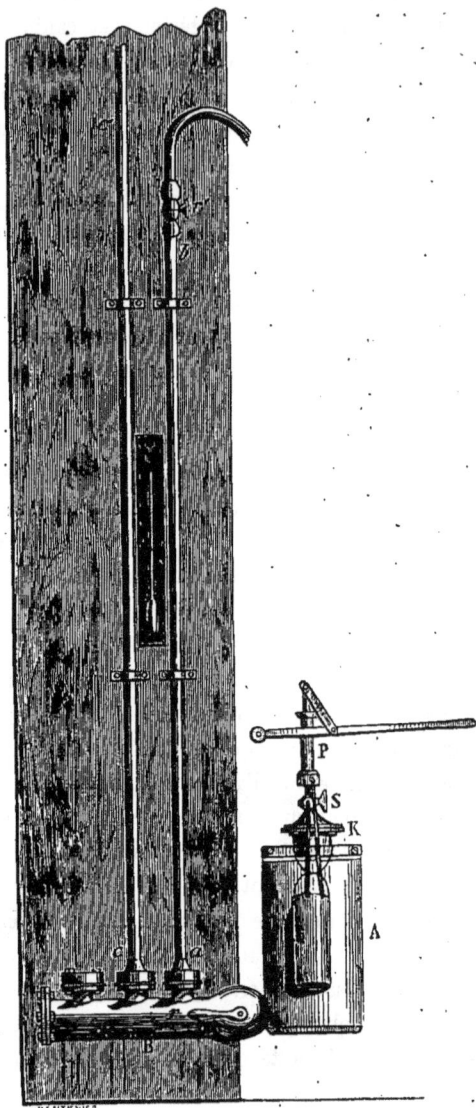

Fig. 74.

formant une colonne verticale d'une hauteur d'environ 25 mètres.
L'ensemble de ces tubes est appliqué le long d'une forte planche
adossée à un mur et tout à fait invariable de position. De distance
en distance sont marqués sur le tube des points de repère, dont
les intervalles égaux, à environ 0ᵐ,95, ont été relevés avec le
cathétomètre. Des thermomètres, disposés à diverses hauteurs,
donnent la température moyenne de la colonne de mercure. La
tubulure *a* reçoit le tube *ab* divisé exactement en millimètres, et de
plus jaugé avec une très-grande exactitude. Ce tube porte à sa partie
supérieure un robinet *r'* pouvant communiquer avec un réservoir
où l'on comprime le gaz soumis à l'expérience. Il est d'ailleurs
entouré d'un manchon contenant de l'eau froide qui se renouvelle
d'une manière continue, et dont la température est accusée par un
thermomètre très-sensible. Avant d'établir le tube en place, on a
déterminé, avec un très-grand soin, le point *o* qui correspond
au milieu du volume compris entre la division inférieure et la
clef du robinet. Enfin, le tube étant placé, on a relevé avec soin la
distance du point *o* au repère le plus voisin de la longue colonne.

Voici maintenant comment on procède aux expériences. On fait
arriver par *r'* du gaz sec, et on s'arrange pour que le mercure
arrive au niveau de la division inférieure; on ferme alors le robinet *r'*, et à l'aide de la pompe à eau, on refoule le gaz jusqu'à ce
que le mercure arrive au point *o*, c'est-à-dire qu'on réduit le
volume à moitié. On observe dans les deux cas la hauteur du
mercure dans le tube ouvert au-dessus du repère le plus voisin,
ce qui fait connaître la pression. On met alors de nouveau le tube
en communication avec le réservoir de compression, et on fait
affleurer le mercure à la division inférieure, puis on refoule de
nouveau jusqu'à ce que l'affleurement ait lieu en *o*, et ainsi de
suite.

On peut aussi faire plusieurs observations avec la même quantité de gaz; car le robinet S de la pompe à eau permet de faire
communiquer l'intérieur du réservoir avec l'extérieur, et de ramener le volume $\frac{1}{2}$ du gaz comprimé au volume 1. Enfin il n'est pas

nécessaire d'amener exactement le mercure aux deux niveaux inférieur et supérieur, ce qui serait souvent fort long; il suffit que ce soit à une petite distance, la graduation tracée sur le tube permettant dans tous les cas la mesure du volume.

104. Pour comparer les résultats obtenus, il faut effectuer un certain nombre de corrections que nous allons indiquer :

1° Les volumes du gaz dans les deux expériences comparatives doivent être ramenés à la même température.

2° Les hauteurs de mercure doivent être ramenées à la température de 0".

3" Pour les hauteurs considérables de la colonne de mercure, il faut tenir compte de la compressibilité du métal, laquelle est d'ailleurs fort petite, comme nous l'avons vu (78).

4° L'atmosphère exerçant sa pression sur la colonne manométrique, à un niveau notable au-dessus du baromètre, il faut ramener l'indication de ce dernier instrument à ce qu'elle serait à l'extrémité de la colonne de mercure. Cette correction se fait à l'aide de la formule que nous avons fait connaître (93).

105. En comparant les nombres obtenus dans les expériences que nous venons de décrire, M. Regnault a constaté que, même pour l'air atmosphérique, l'hydrogène, l'azote, la loi de Mariotte ne peut être considérée comme une loi absolue. Si on exprime le rapport des volumes d'une même masse de gaz $\frac{V_o}{V_1}$ et le rapport inverse des pressions correspondantes $\frac{P_1}{P_o}$, on trouve que le quotient $\frac{V_o}{V_1} : \frac{P_1}{P_o}$ n'est pas égal à l'unité. Outre que les différences sont sensibles, elles croissent régulièrement avec la pression, ce qui ne permet pas de les attribuer à des erreurs inévitables d'observation. Pour l'air, l'azote, l'acide carbonique, le rapport $\frac{V_o}{V_1} : \frac{P_1}{P_o}$ est plus grand que 1, ce qui veut dire que la compressibilité de ces gaz est plus forte que celle qui résulte de la loi de Mariotte. C'est dans ce sens que les écarts de cette loi avaient été indiqués par les physiciens qui s'étaient occupés de cette question. Le gaz hydrogène présente une exception imprévue et remarquable. Sa compressibilité est en effet plus faible que celle qui résulte de la loi. Au surplus, pour donner une idée de l'erreur que l'on peut commettre en appliquant la loi de Mariotte, nous extrayons du mémoire de M. Regnault les tables suivantes pour les quatre gaz dont il s'est occupé.

Pressions correspondantes aux volumes.

	Vol = 1	$\frac{1}{2}$	$\frac{1}{5}$	$\frac{1}{10}$	$\frac{1}{20}$
Air.	1	1,997828	4.979440	9,916220	19,719880
Azote	1	1,998634	4,986760	9,943590	19,788580
Acide carbonique.	1	1,98292	4,82880	9,22620	16,70540
Hydrogène.	1	2,00111	5,01161	10,05607	20,26872

CHAPITRE XXI

Mesure de la tension d'un gaz renfermé dans un espace clos. — Soupapes.. — Manomètres. — Manomètre à air libre. — Manomètre à air comprimé. — Manomètre de Bourdon. — Loi du mélange des gaz. — Voluménomètre.

106. Lorsqu'un gaz se trouve renfermé dans un espace clos, il peut être très-important de connaître sa force élastique, afin de ne pas dépasser la limite qui convient à la résistance des appareils. On y parvient par des moyens divers, qui, la plupart, peuvent s'appliquer au cas où l'on voudrait connaître la pression exercée par un liquide comprimé dans l'intérieur d'un vase.

107. *Soupapes.* Une ouverture conique pratiquée sur les parois d'un vase est fermée par un bouchon de même forme (fig. 75). Ce bouchon est pressé par un levier qui est mobile autour du point O, et est chargé à son extrémité d'un poids P. La pression

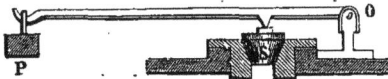

Fig. 75.

intérieure augmentant, il arrivera nécessairement un moment où la soupape sera soulevée. A ce moment, la pression exercée par le gaz est mesurée par la force nécessaire à l'ouverture de la soupape, force qu'il est facile de calculer.

Soit S la section de la soupape exprimée en centimètres carrés, P le poids en kilogrammes qui agit à l'extrémité du levier, r le rapport du levier OP au bras du levier OS; la charge effective de la soupape sera $r\dot{P}$, et la charge par centimètre carré $\dfrac{r\text{P}}{\text{S}}$. Or, on sait que la pression moyenne d'une atmosphère est représentée par $1^k,033$ par centimètre carré; la pression en atmosphères sera donc $\dfrac{r\text{P}}{\text{S} . 1,033}$. L'appareil que nous venons d'indiquer est surtout employé comme appareil de sûreté, pour empêcher la pression de dépasser certaines limites. On pourrait aussi l'employer comme moyen de mesure; il suffirait de faire glisser le poids sur la tige, jusqu'au moment où la soupape s'ouvrirait, mais le frottement de la soupape contre les parois de l'ouverture, l'inertie qui en résulte, ôtent à ce moyen toute espèce de précision. L'usage des manomètres est, sous ce point de vue, bien préférable.

108. *Manomètre à air libre.* Il se compose (fig. 76) d'une boîte en fer renfermant du mercure et hermétiquement fermée. A sa partie supérieure sont deux ouvertures, l'une munie d'un robinet qui établit la communication avec l'appareil dans lequel la pression doit être mesurée; l'autre donne passage à un tube droit en verre, ouvert aux deux bouts, qui plonge dans le mercure : le tout est disposé sur une échelle portant une division en parties d'égale longueur. Il est clair, d'après cela, qu'à un moment quelconque la pression est mesurée par la hauteur de la colonne

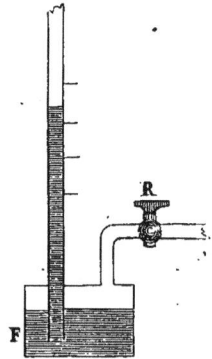

Fig. 76.

de mercure soulevée. Le niveau du mercure variant sans cesse, il y a dans la mesure des hauteurs une petite erreur, puisqu'on compte à partir d'un zéro fixe, tandis qu'on devrait toujours compter à partir du niveau du mercure dans la cuvette. Il est facile de tenir compte de cette cause d'erreur si on connaît le rapport de la section du tube à celle de la boîte. D'ailleurs, pour une même machine, la pression doit rester autant que possible la même; le mercure ne varie que peu en deçà et au delà d'une certaine hauteur moyenne, pour laquelle le niveau du mercure dans la cuvette est précisément le zéro de l'échelle de graduation.

109. *Manomètre à air comprimé.* Le manomètre à air libre ne peut servir que pour mesurer de faibles pressions; pour des pressions tant soit peu considérables, il faudrait donner au tube manométrique une longueur qui rendrait l'appareil tout à fait inapplicable. On emploie dans ce cas le manomètre à air comprimé. Il se compose (fig. 77), d'une boîte de fer remplie de mercure, et dans laquelle plonge un tube fermé à son extrémité supérieure. Ce tube renferme de l'air sec qui se comprime de plus en plus, à mesure que la pression augmente, et, à un moment donné, la pression de l'appareil est mesurée par la pression de l'air comprimé dans le manomètre, augmentée de la hauteur de la colonne de mercure soulevée. Cette pression est, en général, écrite en atmosphères sur l'échelle même du manomètre, et on a exécuté cette graduation à l'aide d'un manomètre à air libre.

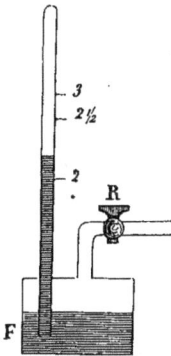

Fig. 77.

On pourrait aussi graduer directement l'instrument ainsi que nous allons le montrer. Soit *r* le rapport de la section de la cuvette à celle du tube, *l* la longueur du tube supposé cylindrique occupée par l'air lorsque le robinet est en communication avec l'atmosphère, en supposant qu'à ce moment le niveau du mercure soit le même à l'intérieur du tube et dans la cuvette. L'air que renferme le manomètre est par conséquent à la pression de 1 atmosphère. Cherchons de quelle quantité *x* le mercure doit s'élever au-dessus du niveau actuel pour une pression de *n* atmosphères régnant dans l'intérieur de la boîte. Lorsque le mercure aura atteint cette hauteur *x*, la pression de l'air sera $P \dfrac{l}{l-x}$; la hauteur effective de la colonne de mercure, en tenant compte de la dépression dans la cuvette sera $x + \dfrac{x}{r}$; or, la somme de ces deux pressions doit être égale à n atmosphères; donc :

$$P \frac{l}{l-x} + \frac{x(1+r)}{r} = nP,$$

d'où :

$$x = \frac{l(1+r) + nPr \pm \sqrt{[l(1+r) + nPr]^2 - 4(1+r)(n-1)Prl}}{2(1+r)}.$$

Il est évident qu'on ne doit prendre que le signe inférieur du radical. En faisant dans cette formule $n = 1, 2, 3, 4$, on aura les points de l'échelle manométrique, sur lesquels on devra écrire les pressions de 2, 3, 4 atmosphères.

110. *Manomètre de Bourdon.* Dans les machines en mouvement, comme par exemple les locomotives, la fragilité des tubes de verre qui servent dans les manomètres ordinaires est un inconvénient des plus graves. D'ailleurs le mercure se salit à la longue et encrasse le verre, de façon à rendre les indications illisibles. M. Bourdon a construit un appareil manométrique fondé sur les variations de forme qu'éprouve un tube à section elliptique, lorsque la pression augmente ou diminue dans son intérieur. Le manomètre se compose (fig. 78) d'un tube métallique contourné deux fois. L'une des extrémités est mise en communication par un robinet avec le réservoir de gaz; à l'autre extrémité est fixée une aiguille qui parcourt les divisions d'un cadran. Lorsque le robinet est en communication

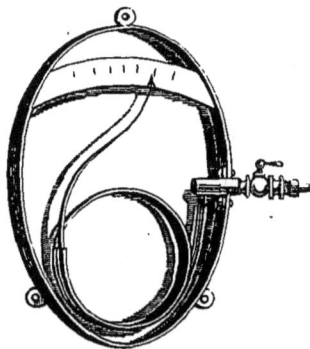

Fig. 78.

9

avec l'atmosphère, l'extrémité de l'aiguille s'arrête au n° 1. Actuellement, si on augmente la pression, l'extrémité mobile du tube s'éloigne de l'autre, et l'aiguille parcourt les diverses divisions du cadran. La graduation est d'ailleurs faite par comparaison avec un manomètre à air libre. Ces appareils adoptés depuis longtemps par plusieurs administrations de chemin de fer, se sont montrés jusqu'ici suffisamment comparables à eux-mêmes. Il est à croire pourtant qu'il doit se produire dans le métal des altérations permanentes (14), et il est bon par conséquent de vérifier de temps à autre la graduation.

111. *Loi du mélange des gaz.* Lorsque des gaz de densité différente sont placés dans un même espace, ils ne se superposent point comme des liquides dans l'ordre de leurs densités. L'expérience prouve que, même dans les cas les plus défavorables, le mélange se fait d'une manière intime, de façon qu'on peut considérer chaque gaz en particulier comme remplissant l'espace total. Ce fait a été démontré par une expérience très-décisive due à Berthollet. Il prit deux ballons pouvant se visser l'un sur l'autre et les plaça dans une cave. Le ballon inférieur était plein d'acide carbonique, le ballon supérieur d'hydrogène. La communication fut établie entre les deux, et au bout d'un certain temps on constata que les deux gaz s'étaient mêlés d'une manière intime; en effet, dans les deux ballons la proportion d'acide carbonique et d'hydrogène était exactement la même. La constance de la composition de l'air à toutes les hauteurs est une preuve frappante du fait dont nous parlons.

Il résulte de là que si plusieurs gaz sont renfermés dans un même espace, chacun exerce une pression qui dépend du volume total de l'espace, et que par conséquent la pression du mélange est égale à la somme des pressions exercées individuellement par chacun des gaz. La loi de Mariotte permet de déterminer facilement ces pressions individuelles, quand on connaît la pression et le volume primitifs de chacun des gaz.

Soient par exemple V et P, V' et P', V'' et P'', les volumes et pressions de gaz que l'on fait passer dans un vase de volume U.

Le premier gaz exerce dans ce vase une pression égale à $\frac{VP}{U}$. Le second une pression égale à $\frac{V'P'}{U}$. Le troisième une pression égale à $\frac{V''P''}{U}$, et ainsi de suite, de sorte que la pression totale π est égale à $\frac{VP}{U} + \frac{V'P'}{U} + \frac{V''P''}{U}$, d'où $nU = VP + V'P' + V'P'''$.

Cette formule résume les lois du mélange des gaz; on peut facilement la vérifier sur la cuve à mercure en faisant passer sous une cloche graduée divers volumes de gaz mesurés à l'avance et dont la pression est également connue.

112. *Détermination de la densité des solides qui ne peuvent pas être mouillés.* Il y a des corps, ainsi que nous l'avons déjà dit (76), qui ne peuvent être mouillés sans éprouver une altération profonde dans leur nature. On peut utiliser la loi de Mariotte pour déterminer leur densité sans les mettre en contact avec aucun liquide. Vers la fin du siècle dernier, le capitaine Say avait proposé la méthode suivante : On prend un tube AB (fig. 79) parfaitement cylindrique et divisé en parties d'égale longueur. Ce tube est soudé à un cylindre plus large AcD dont les bords supérieurs sont parfaitement dressés de manière à permettre la fermeture complète à l'aide de l'obturateur cD. On plonge le tube dans le mercure jusqu'à l'origine A de la graduation, et on ferme à l'aide de l'obturateur. On soulève alors le tube jusqu'à ce que la pression de l'air intérieur ne soit plus que la moitié de la pression atmosphérique. Il est évident que le volume de l'air a doublé, et par conséquent que AH mesure le volume de l'espace AcD. Cela posé, on introduit le corps dans le

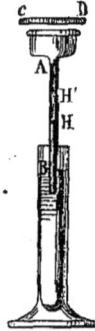
Fig. 79.

cylindre AcD, et on répète la double expérience que nous venons de décrire; le mercure se fixe en un autre point H'. AH' est égal au volume du cylindre supérieur diminué du volume du corps; donc ce dernier est égal à HH'. On peut déterminer direc-

tement la capacité de chacune des divisions du tube, et connaissant le volume du corps, il n'y a qu'à le peser pour avoir sa
densité.

Comme la plupart dès corps que l'on soumet à ce genre d'expérience sont pulvérulents, ils condensent dans leur intérieur une
quantité variable d'air qui donne beaucoup d'incertitude à la détermination de leur densité.

115. *Voluménomètre.* On peut opérer avec plus de précision
en se servant de l'appareil indiqué par M. Regnault sous le nom
de voluménomètre. Il se
compose (fig. 80) d'un
ballon B, pouvant être
mis en communication,
par le tube à trois bran-
ches *mno*, d'une part,
avec un appareil de des-
siccation; de l'autre, avec
un tube recourbé servant
de manomètre à air libre.
La partie inférieure de
ce manomètre est munie
d'un robinet à trois voies
dont M. Regnault a fait
fréquemment usage dans
d'autres expériences. La
clef peut être placée dans
l'une des trois positions
indiquées par les figures
a, *b*, *c*, ce qui permet
d'établir la communica-
tion du tube A avec E; ou
la communication directe
du tube A avec l'extérieur.

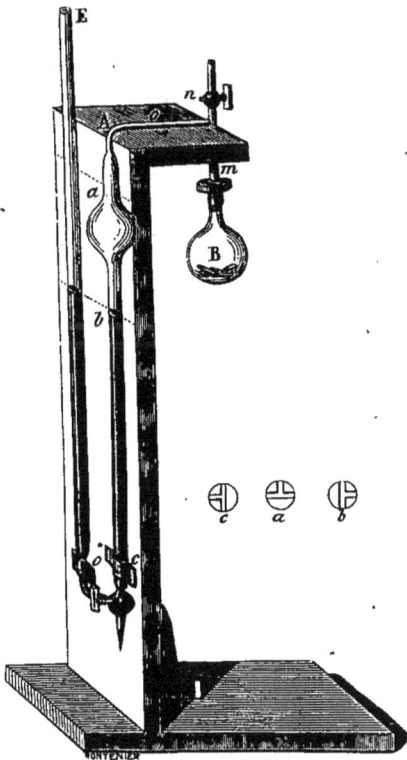

Fig. 80.

On jauge la capacité *v* du ballon et du tube de communication, jusqu'en un point de repère *a*; puis en laissant couler du mercure, la

clef du robinet étant dans la position b, on détermine le volume u de la partie renflée du manomètre comprise entre le trait a et un deuxième trait b. Pour faire l'expérience on introduit le corps dans le ballon, on dessèche l'air et le robinet n étant fermé, on détermine les pressions P et P′ nécessaires pour que le mercure affleure successivement aux deux traits a et b. Si on désigne par X le volume du corps, on aura évidemment, d'après la loi de Mariotte,

$$\frac{V - X}{V - X + u} = \frac{P'}{P},$$ d'où on déduira x. On peut faire une seconde expérience en ajoutant du mercure de manière à ramener le niveau en a; si le corps n'a sensiblement ni absorbé ni dégagé du gaz ou de la vapeur d'eau, les deux expériences doivent donner la même valeur pour x.

CHAPITRE XXII

Machine pneumatique. — Degré de vide. — Perfectionnement de M. Babinet. — Machine de compression.

114. La machine pneumatique, destinée à raréfier l'air dans un vase donné, a été construite pour la première fois par Otto de Guéricke. Depuis, elle a subi des perfectionnements ou des additions, qui n'en modifient pas les dispositions essentielles. Elle se compose (figure 81) d'un corps de pompe AB, dans lequel se meut un piston P. Ce piston est percé d'une ouverture sur laquelle est disposée une soupape S s'ouvrant de bas en haut.

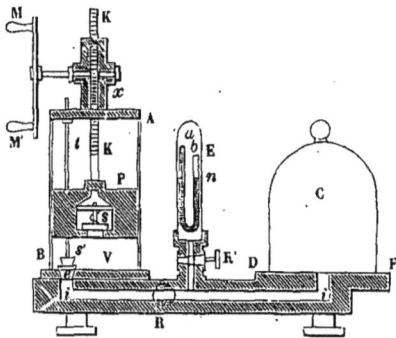

Fig. 81.

Le corps de pompe communique avec un canal recourbé ii, qui vient se terminer au centre d'une surface en glace DF, doucie avec le plus grand soin, qu'on appelle *la platine*, et sur laquelle on applique le récipient C, c'est-à-dire le vase dans lequel on veut faire le vide; souvent aussi, un pas de vis permet de fixer directement les vases à l'extrémité du canal recourbé. La communication entre le corps de pompe et le récipient peut être supprimé à l'aide du bouchon conique s'. Ce bouchon est porté par une tige métallique qui traverse le piston à frottement dur, de sorte qu'il s'élèvera ou s'abaissera avec ce dernier; toutefois l'amplitude de son excursion, qui doit être très-petite, est limitée par un renflement que présente la tige à sa partie supérieure, lequel est arrêté par les bords de l'ouverture que la tige elle-même traverse.

Cela posé, supposons que le piston étant au bas de sa course, on l'élève; la soupape s' se soulève, l'air du récipient se répand dans le corps de pompe, et par suite sa force élastique diminue. Si maintenant on abaisse le piston, la soupape s' s'abaisse, l'air du corps de pompe n'ayant plus d'issue vers le récipient, se comprime, finit par soulever la soupape s et s'échapper à l'extérieur. Au second coup de piston les choses se passeront de la même manière, et par conséquent à chaque fois qu'on élèvera le piston, une portion de l'air du récipient passera dans le corps de pompe; à chaque fois qu'on l'abaissera cet air sera expulsé à l'extérieur.

115. Si V' désigne le volume du corps de pompe, et V celui du récipient, et qu'on suppose que primitivement la pression fût égale à P dans ce dernier; après que le piston se sera élevé, l'air sera répandu dans le volume $V + V'$; sa pression sera donc $P \dfrac{V}{V + V'}$. Après la seconde ascension elle sera $P \dfrac{V}{V + V'} \cdot \dfrac{V}{V + V'}$ $= P \left(\dfrac{V}{V + V'} \right)^2 \ldots$ En général, après n coups de piston la pression π sera donnée par la formule

$$[1] \quad \pi = P \left(\frac{V}{V + V'} \right)^n$$

Si des cinq quantités qui entrent dans cette équation, quatre sont données, on pourra déterminer la cinquième.

On voit, du reste, que la pression π va en décroissant indéfiniment, et par suite que la force élastique de l'air du récipient peut devenir plus petite que toute quantité donnée.

116. Pour savoir quelle est à chaque instant la force élastique de l'air du récipient, on se sert d'un baromètre tronqué ab renfermé dans une petite cloche E, qu'on appelle l'éprouvette et, qui peut être mise en communication par un robinet R′ avec le récipient. Ce baromètre est formé d'un tube recourbé dont les branches ont de 28 à 30 centimètres de longueur; l'une d'elles est fermée et remplie de mercure, l'autre est ouverte. Lorsque la pression de l'air dans le récipient devient plus faible que celle qui est représentée par une colonne de mercure égale à la longueur de la branche fermée du baromètre, le mercure descend, et à chaque instant la force élastique est donnée par la différence de niveau du métal dans les deux branches. Une échelle divisée permet d'apprécier exactement cette différence. A l'aide de ce baromètre, on peut apprécier si la machine fonctionne bien; dans le cas, par exemple, où il y aurait une fuite, on s'en apercevrait aux oscillations de la colonne de mercure. On peut aussi, et c'est un point important, reconnaître le moment où l'on a atteint la limite d'effet; cette limite a lieu lorsque, malgré le mouvement du piston, la différence de niveau du mercure reste stationnaire. Au lieu du baromètre tronqué on pourrait mettre un baromètre entier, qui permettrait de juger des progrès du vide dès les premiers coups de piston.

On pourrait de cette façon appliquer la machine pneumatique à la détermination du volume d'un corps, qui ne peut pas être mouillé. Supposons, par exemple, qu'on raréfie l'air contenu dans un récipient de volume connu, à l'aide de trois coups de piston, on aura, d'après la formule [1], $\pi = P\left(\dfrac{V}{V+V'}\right)^3$, équation d'où l'on déduira V′ le volume du corps de pompe. Répétons maintenant la même expérience, en plaçant le corps sous le récipient; si π' est la pression observée, après trois coups de piston on aura

$$\pi' = P\left(\frac{V - x}{V + V' - x}\right)^3$$

équation de laquelle on déduira x. On a vu dans le chapitre précédent des méthodes fondées sur ce principe.

117. Lorsque le vide est fait sous le récipient, pour enlever ce dernier de dessous la platine, il faudrait développer une force considérable, égale à autant de fois 103 kilog., que la section du récipient par un plan horizontal renferme de décimètres carrés ; il est donc nécessaire de pouvoir déterminer la rentrée de l'air sous ce récipient. D'un autre côté, si l'on veut abandonner pendant longtemps un corps dans le vide, il est important de pouvoir supprimer absolument la communication entre le récipient et les corps de pompe. On atteint ce double but à l'aide du robinet R, dont la clef est représentée séparément (fig. 82). Cette clef est percée d'une

Fig. 82.

ouverture a, qui, dans l'état ordinaire de la machine, est placée dans l'axe du canal de communication. A 90° de cette ouverture s'en trouve une autre b, qui forme l'extrémité d'un canal recourbé bc s'ouvrant à l'extérieur, et pouvant d'ailleurs être fermé à l'aide d'un tampon métallique. Lorsqu'on voudra fermer le récipient, on tournera le robinet de façon que l'ouverture b soit dans le canal de communication et du côté des corps de pompe ; si on veut faire rentrer l'air dans le récipient, on placera la même ouverture du côté de celui-ci, et on enlèvera le tampon c.

118. Les premières machines pneumatiques étaient à un seul corps de pompe ; il en résultait une manœuvre très-pénible, car à mesure que le vide faisait des progrès, la pression sur la partie extérieure du piston devenait de plus en plus forte, et pouvait s'approcher de 103 kilog, par décimètre carré. On construit encore aujourd'hui, pour les expériences de physique ou de chimie, de petites machines pneumatiques, à un seul corps de pompe ; mais la section de ce dernier est petite. Les machines ordinaires sont en général à deux corps de pompe. La figure 83 représente la disposition générale de l'appareil. Les tiges des pistons sont à crémaillère et engrènent avec une roue dentée, dont l'axe porte un levier, qu'on fait mouvoir alternativement dans un sens et dans l'autre.

Par suite de cette disposition, la force qui s'oppose au mouvement ascensionnel de l'un des pistons, est précisément celle qui favorise

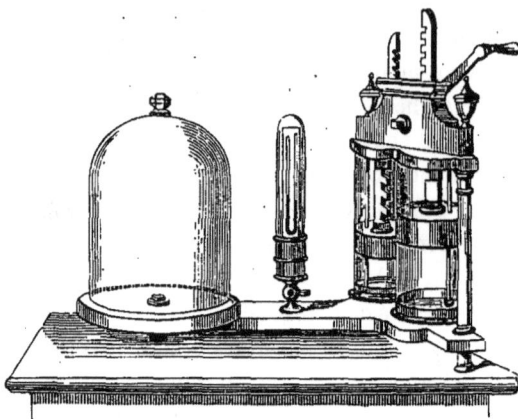

Fig. 83.

la descente de l'autre. On n'a donc à vaincre d'autres résistances que les frottements. D'ailleurs, avec deux corps de pompe, le vide se fait plus rapidement, puisqu'à chaque coup de piston, l'air du récipient passe dans l'un ou dans l'autre corps de pompe.

119. On peut aussi obtenir ce dernier résultat avec un seul corps de pompe, en faisant successivement le vide à la partie supérieure et à la partie inférieure du piston. La figure 84 représente la section du corps de pompe d'une machine construite sur ce principe par M. Bianchi. A est le corps de pompe, P le piston. La tige de ce dernier est creusée d'un canal, qui permet à l'air sortant par la soupape a de s'échapper au dehors.

Une autre soupape b est placée à la partie supérieure du cylindre. Un tube tT établit une communication entre la partie supérieure du corps de pompe, et le canal de communication B avec le récipient. Enfin la tige k, qui traverse le piston à frottement dur, se termine par deux bouchons coniques s et s', qui ferment alternativement les deux ouvertures correspondantes. Il suit de ces dispositions que, pendant que le piston descend, le vide se fait au-dessus de lui, et l'air comprimé s'échappe par la soupape a; dans le mouvement opposé, c'est au-dessous du piston que se fait le vide, tandis que l'expulsion de l'air a lieu par la soupape *b*.

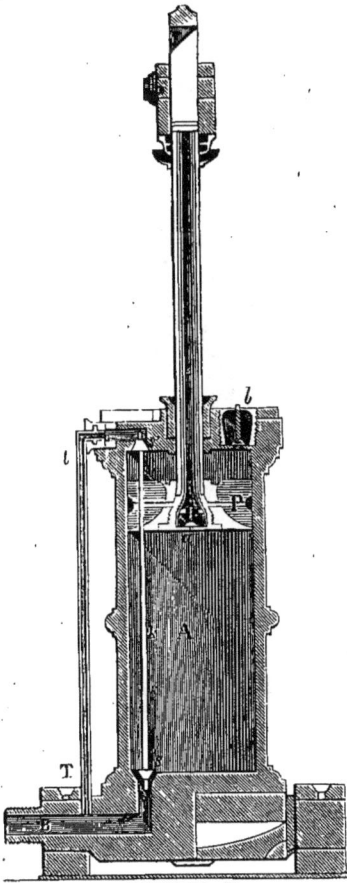

L'ensemble de l'appareil est représenté dans la figure 85. Le cylindre est en fonte; la tige du piston est directement articulée à une manivelle qu'on fait mouvoir par l'intermédiaire d'un volant et de roues d'engrenage. Pour que la communication de mouvement s'établisse, sans qu'il en résulte des pressions latérales, du moins un peu énergiques, le cylindre a été rendu oscillant, autour d'un axe situé à sa partie inférieure. Le plateau et l'éprouvette, portées sur une table séparée, communiquent avec le canal B par un gros tube en caoutchouc.

120. Nous avons dit qu'à l'aide de la machine pneumatique on pouvait raréfier l'air, autant qu'on le voulait, dans un espace donné. Il n'en est point ainsi en réalité; au bout de quelque temps on reconnaît que la différence de niveau du mercure dans le baromètre demeure stationnaire. La cause de cette limite d'action est facile à apprécier. D'une part, il est impossible qu'au moment où l'on abaisse le piston, la soupape *s′* ferme immédiatement l'ouverture du canal de communication; il faut pour cela un certain temps, quelque petit qu'il soit, pendant lequel une portion de l'air peut

Fig. 84.

être refoulée dans le récipient. En second lieu, il doit toujours rester entre le fond du corps de pompe et la partie inférieure du piston, une certaine quantité d'air. Cet air, au moment où le

Fig. 85.

piston est au bas de sa course, est à la pression extérieure. Répandu dans le volume total du corps de pompe, lorsque le piston s'élève, il conserve encore une pression sensible, et lorsque l'air du récipient aura atteint cette pression, il est évident que la machine ne fonctionnera plus. Si v est le volume laissé par le piston au-dessous de lui, et V le volume total du corps de pompe, la force élastique de l'air restant dans le récipient, lorsque la limite d'effet sera obtenue, sera représentée par $P\dfrac{v}{V}$, P étant la pression extérieure. Des imperfections de diverses natures peuvent d'ailleurs élever notablement cette limite. On considère en général comme une bonne machine celle qui fait le vide à 2 ou 3 millimètres de mercure.

121. Un ingénieux perfectionnement dû à M. Babinet permet d'obtenir un vide plus approché. Pour se rendre compte de l'efficacité de la disposition, il faut se rappeler que, dans l'état ordinaire, au moment où le piston atteint la partie inférieure de sa cavité, laissant au-dessous de lui un espace v, l'air renfermé dans cet espace est à la pression atmosphérique. Si on suppose, qu'à ce moment, cet air se répande dans l'autre corps de pompe, il ne possédera que la force élastique $P\dfrac{v}{V}$, de sorte qu'en élevant maintenant le piston, ce ne sera plus de l'air à la pression extérieure, mais bien de l'air à la pression $P\dfrac{v}{V}$, qui se dilatera, sa force élastique devenant $P\dfrac{v^2}{V^2}$; la machine ne cesserait donc de fonctionner, que lorsque la force élastique de l'air du récipient serait représentée par cette dernière expression. Pour réaliser les circonstances que nous venons d'indiquer, il faut que l'un des corps de pompe serve à faire le vide dans l'autre, tandis que ce dernier sert à faire le vide dans le récipient. Dans ce but la clef d'un robinet, placé au

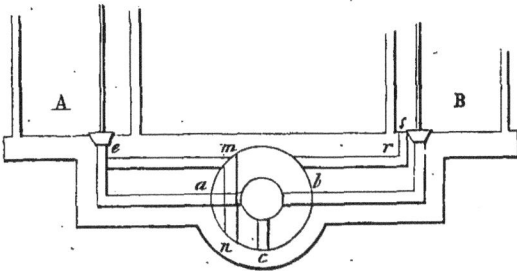

Fig. 86.

point de jonction des deux canaux de communication (fig. 86 et fig. 87), est percée d'un canal en forme de T, *abc*; le point d'in-

tersection des deux branches du T est en communication continue
avec le récipient. Dans un autre plan que celui qui contient *abc*,

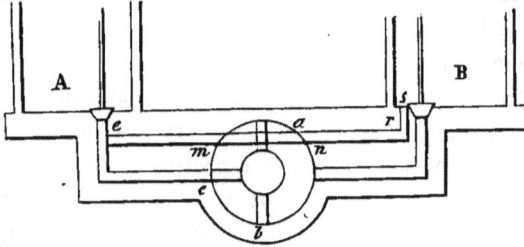

Fig. 87.

se trouve un autre canal *mn*, qui, par l'intermédiaire des deux
parties *em*, *rs*, peut faire communiquer le corps de pompe B avec
le canal de communication du corps de pompe A. On voit, d'après
ces dispositions, que si la clef du robinet est placée dans la position
de la figure 86, les deux corps de pompe communiquent avec le
récipient, et les choses se passent à la manière ordinaire. Si, tournant d'un quart de révolution, on place la clef dans la position
indiquée par la figure 87, le corps de pompe A communique seul
avec le récipient, tandis que le vide est fait dans son intérieur par
le corps de pompe B. On se trouve donc dans les conditions que
nous indiquions en commençant. Lorsque le robinet étant dans la
position de la figure 86, on n'observe plus aucune variation de
niveau dans l'éprouvette, on le place dans la position (fig. 87),
et on constate toujours une nouvelle diminution dans la différence
du niveau. Avec des machines de ce genre bien exécutées, on peut
obtenir le vide à moins d'un millimètre de mercure.

122. *Machine de compression.* La machine de compression
sert à accumuler de l'air, ou tout autre gaz dans un vase donné.
Elle se compose (fig. 88) d'un corps de pompe dans lequel se meut
un piston plein. A sa partie inférieure se trouve une soupape *s*,
s'ouvrant de haut en bas. Un tuyau latéral, adapté sur le corps de
pompe, est mis en communication soit avec l'air, soit avec un
réservoir de gaz. Dans ce tuyau se trouve une soupape *s'* s'ouvrant
de dehors en dedans. Si l'on visse la pompe sur le vase A, et qu'on

vienne à faire mouvoir le piston, il est clair qu'à chaque fois que celui-ci s'élèvera, le gaz extérieur pénétrera dans le corps de pompe, et qu'à chaque fois qu'il s'abaissera, ce gaz passera dans le vase A. Si V désigne le volume du corps de pompe et u celui du réservoir, lorsqu'on aura abaissé n fois le piston, on aura introduit un volume de gaz égal à nV à la pression extérieure. La pression dans le réservoir sera donc $P \dfrac{u + n\mathrm{V}}{u}$, P désignant la pression primitive.

On voit donc qu'on pourra accumuler dans un réservoir autant d'air que l'on voudra; il suffira que les appareils, notamment le réservoir à air comprimé, aient une résistance suffisante et que l'on puisse disposer d'un moteur capable de faire mouvoir la pompe. Il est clair, en effet, que pour faire ouvrir la soupape s, il faudra une force égale à la pression qui règne dans le réservoir, rapportée à la surface du piston. Si, par exemple, l'air comprimé est à une pression de 4 atmosphères, et que le piston ait un décimètre carré de surface, la force nécessaire sera de $4 \times 103^k = 412^k$.

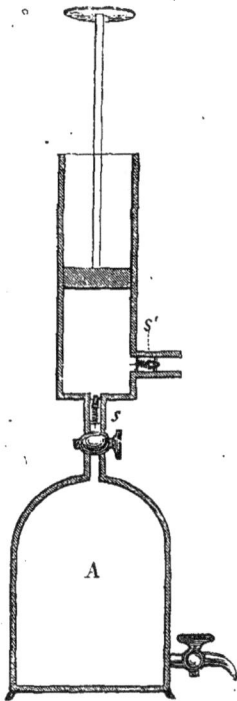
Fig. 88.

On emploie les pompes de compression dans beaucoup de recherches physiques pour faire régner dans un espace une pression supérieure à celle de l'atmosphère. On les emploie dans la fabrication des eaux gazeuses (¹), afin de comprimer l'acide carbonique

(¹) On sait qu'un volume d'eau dissout toujours le même volume du gaz qui est au-dessus d'elle, mais à la pression à laquelle il se trouve. Ainsi un litre d'eau placé en présence de l'acide carbonique à 1 ou 6 atmosphères, dissout, dans le premier cas, 1 litre de gaz à la pression ordinaire; dans le second, un litre à la pression de 6 atmosphères, c'est-à-dire en réalité 6 fois plus.

dans un réservoir contenant déjà de l'eau ; celle-ci se sature de gaz à la pression régnant dans l'appareil, et par conséquent en contient une proportion d'autant plus grande que cette pression est plus forte elle-même.

On utilise encore la pompe de compression pour liquéfier des quantités un peu considérables d'un gaz. C'est ainsi, par exemple, qu'à l'aide d'une machine solidement exécutée, et de réfrigérants convenables, M. Bianchi a liquéfié de très-fortes quantités de protoxyde d'azote.

Lorsque l'air est fortement comprimé dans l'intérieur d'un réservoir, et qu'on en laisse sortir périodiquement une certaine quantité, on peut utiliser de diverses façons la force élastique de la portion qui sort ; c'est là le principe de machines à air comprimé, sur lesquelles des essais très-nombreux ont été faits depuis un certain nombre d'années. On trouve dans les cabinets de physique un appareil connu sous le nom de fusil à vent, dans lequel on utilise la compression de l'air pour lancer un projectile. Il se compose d'une crosse A (fig. 89) munie d'une soupape S, dans laquelle on peut

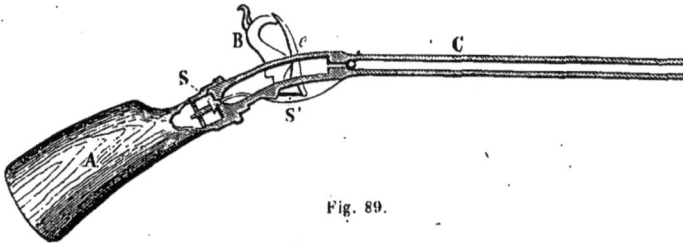

Fig. 89.

comprimer de l'air à huit ou dix atmosphères de pression. Un levier e, appuyant sur la soupape, peut l'ouvrir momentanément par le jeu d'une batterie BS' analogue à celle d'un fusil ordinaire ; l'air s'échappant avec violence pousse un projectile placé au fond du canon de fer C. On peut, à l'aide de cet appareil, lancer une balle avec une force égale à celle que donne l'explosion de la poudre. Il y a production d'un bruit faible, trop faible, en général, pour être entendu à une distance considérable. On observe aussi

quelquefois une lumière due sans doute au frottement et à l'in-
flammation des particules solides, qui sont toujours en supension
dans l'air.

CHAPITRE XXIII

Principe de Torricelli. — Fontaine intermittente. — Vase de Mariotte.

123. Dans un liquide en repos une molécule éprouve la même
pression dans tous les sens; il n'en est pas de même dans un
liquide en mouvement. Cette pression peut varier dans des proportions très-notables suivant la direction. Ces variations dépendent d'ailleurs de la forme du vase et de la vitesse du liquide. La
détermination théorique des circonstances du mouvement est donc
une question difficile qui ne peut même être traitée complétement
que dans quelques cas particuliers.

Considérons par exemple (fig. 90) un liquide pesant s'élevant
dans un vase ABCD jusqu'au niveau AB; soit *o*
un orifice pratiqué dans la paroi inférieure, que
l'on suppose très-mince (un millimètre au plus).
Torricelli a fait voir que la vitesse que possèdent
les molécules à l'orifice *o*, est égale à celle qu'elles
auraient acquise, si elles étaient tombées librement de AB en CD; de sorte que *v* désignant
cette vitesse et *h* la hauteur *mn*, on doit avoir

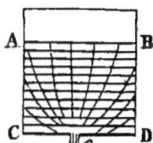

Fig. 90.

$$[1] \quad v = \sqrt{2gh}.$$

C'est en cela que consiste le principe de Torricelli.

124. Ce principe suppose que l'orifice est percé en mince
paroi, et que son diamètre est très-petit relativement à celui du
vase. La formule suppose encore que la surface du liquide et
celle de l'orifice sont placées toutes les deux dans les mêmes circonstances de pression; toutes les deux dans l'air, ou toutes les
deux dans le vide, par exemple. Voyons quelle modification il

faudrait introduire dans le cas où cette circonstance n'aurait pas lieu. Supposons que l'orifice se trouvant dans le vide, la surface du liquide soit dans l'air ; il est évident que les choses se passeront comme si le liquide avait au-dessus de l'orifice une hauteur h, plus la hauteur H équivalente à la pression atmosphérique ; la vitesse sera donc donnée par la formule

$$[2] \quad v = \sqrt{2g(\mathrm{H} + h)}.$$

Si au contraire l'orifice était dans l'air et la surface libre dans le vide, il faudrait de la hauteur h retrancher celle qui équivaut à la pression atmosphérique, et on aurait ainsi

$$[3] \quad v = \sqrt{2g(h - \mathrm{H})}.$$

On remarquera, que la formule [1] est indépendante de la nature du liquide. Ainsi un vase que l'on remplirait successivement d'eau et de mercure, jusqu'à la même hauteur, emploierait le même temps pour se vider dans ces deux circonstances. Les formules [2] et [3] renferment au contraire la quantité H, qui dépend de la nature du liquide.

Enfin, le principe de Torricelli suppose que pendant le mouvement du liquide les molécules de chaque tranche horizontale se meuvent avec la même vitesse et suivant la verticale, de sorte que chaque tranche prenne exactement la place de celle qui est immédiatement au-dessous d'elle. On peut chercher à s'assurer par l'expérience, si cette hypothèse est conforme à la réalité. Il suffit pour cela, d'introduire dans l'eau une matière ténue à peu près de même densité qu'elle, de la sciure de bois, par exemple. On pourra suivre alors le mouvement de ces particules, qui représenteront sensiblement le mouvement de l'eau. On verra ainsi, que pour le liquide qui est à une certaine distance au-dessus de l'orifice, l'hypothèse du parallélisme des tranches est sensiblement vérifiée ; mais pour les portions qui avoisinent l'orifice, il n'en est plus ainsi. Ainsi, on voit comme l'indique la figure 90, les particules de sciure former des filets convergents vers l'orifice, de sorte que dans les parties C et D, du moins si les angles ne sont pas arrondis, les molécules demeurent sensiblement en repos. Lorsque le niveau s'abaisse pendant l'écoulement, la surface du liquide cesse d'être horizontale; au moment où elle se trouve à une petite distance de l'orifice, elle prend la forme d'un entonnoir. Ce phénomène se produit plus tôt, lorsqu'on imprime au liquide un mouvement de rotation, ou que le vase a lui-même la forme d'un entonnoir. Lorsque l'orifice est percé latéralement, le niveau s'abaisse du côté de l'orifice.

125. Le théorème de Torricelli étant fondé sur des hypothèses qui ne sont pas entièrement exactes, il importe de le soumettre à des vérifications expérimentales. Or, il y a un moyen très-simple, qui se présente naturellement à l'esprit. Il suffit d'entretenir dans un vase un niveau constant, par exemple, en faisant arriver un excès de liquide, qui se déverse à mesure, et de recueillir celui qui s'écoule pendant un temps donné. Il est clair que pendant l'unité de temps, il sortira un cylindre d'eau ayant pour base la section de l'orifice et pour hauteur la vitesse, de sorte que la quantité d'eau écoulée pendant le temps T sera donnée par la formule

$$D = Tb \sqrt{2gh},$$

b étant la section de l'orifice. Or, dans toutes les expériences qui ont été faites, on a trouvé des résultats constamment inférieurs à ceux que donne la théorie. La moyenne de ces résultats indique que la dépense observée, est environ les 0,6 de la dépense théorique. Cette différence provient d'une circonstance particulière, que présente toujours l'écoulement des liquides et dont on n'a pas tenu compte; c'est la contraction de la veine. En effet, les différents filets liquides qui se présentent pour sortir par l'orifice, n'ont ni la même direction, ni la même vitesse. Ceux qui rasent les bords éprouvent une diminution plus notable que ceux qui sont situés au centre; il en résulte que la veine doit se rétrécir à sa sortie du vase, jusqu'à une petite distance mn où elle devient sensiblement cylindrique (fig. 91). Il suit de là que pour avoir la

Fig. 91.

dépense, il faut prendre non pas la section de l'orifice, mais bien la section minimum, ou ce que l'on appelle la *section contractée* de la veine. Or, des mesures prises dans diverses circonstances, ont fait connaître que la section contractée est environ les 0,6 de la section de l'orifice; on voit donc que si l'on multiplie cette aire par la vitesse d'écoulement, on aura un volume sensiblement égal à la dépense réelle.

126. On peut aussi vérifier le principe de Torricelli, par l'expérience suivante. Soit ABCD (fig. 92)
un vase dans lequel le
niveau du liquide est en-
tretenu en mn. Les mo-
lécules s'échappant par
l'orifice o, formeront une
veine qui affectera la
forme parabolique. Si les

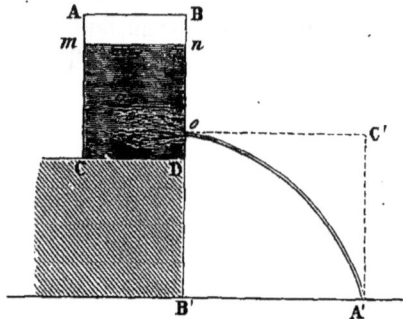

Fig. 92.

molécules n'avaient aucune vitesse acquise, elles tomberaient de o en B′ dans un certain temps t. On a donc

$$oB' = \frac{gt^2}{2} \quad [1].$$

D'autre part, si en o les molécules étaient seulement soumises à l'impulsion acquise, elle décriraient dans le même temps la ligne oC'. Si l'on suppose vraie la formule de Torricelli, on aura

$$oC' = t\sqrt{2gh} \quad [2].$$

Éliminant t entre les équations [1] et [2] :

$$\overline{oC'^2} = 4h \cdot oB' \quad [3].$$

Or, l'expérience peut être facilement disposée de manière à per-
mettre la mesure exacte de oC' et de oB'. On reconnaît ainsi que la relation [3] se vérifie très-sensiblement. On trouve encore une confirmation de la loi de Torricelli, dans la hauteur à laquelle s'élève le jet, lorsque l'orifice est dirigé vers le haut (fig. 93). On trouve, en effet, en prenant les précautions convenables, que le liquide

s'élève à peu près à la même hauteur que dans le vase A. Or, on sait que la vitesse qui fait parvenir un corps lancé de bas en haut,

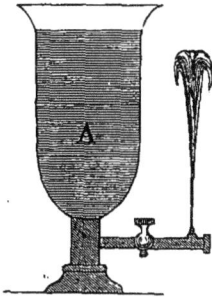

à une hauteur quelconque, est précisément celle que le corps acquiert en tombant de cette même hauteur. Toutefois, la hauteur du jet n'atteint jamais celle du liquide dans le réservoir, à cause du frottement contre l'air et du poids des molécules qui retombent les unes sur les autres. Il résulte des expériences faites sur l'établissement des jets d'eau, qu'en désignant par h la hauteur de l'eau au-dessus de l'orifice et h' la hauteur du jet, on a $h' = z - 0,01z^2$,

Fig. 93.

z étant une inconnue auxiliaire, qui pour des valeurs très-petites de la section de l'orifice et de la vitesse de l'eau dans le tuyau, s'approche beaucoup de h.

127. Ce que nous venons de dire est relatif aux orifices percés en mince paroi. S'il y avait des ajutages, les lois seraient différentes et varieraient avec leur forme. Il est évident d'abord, que si la veine n'adhère pas à l'ajutage, les choses se passent comme si celui-ci n'existait pas. Lorsqu'il y a adhérence, c'est-à-dire lorsque le liquide coule à plein tuyau, l'expérience montre que généralement la dépense est augmentée. Nous n'entrerons pas dans d'autres détails relatifs à cette question qui se rattache directement à l'hydraulique; nous ajouterons simplement, que lorsque l'orifice est percé dans une paroi un peu épaisse, l'écoulement se fait en réalité par un ajutage, et que ce sont les lois relatives à ce cas, qui doivent servir pour calculer la dépense.

128. Lorsque la surface du liquide est en communication avec une masse d'air dont la pression peut varier, la vitesse d'écoulement est elle-même variable. Soit (fig. 94) ABCD, un vase fermé, contenant un liquide jusqu'en MN, et au-dessus de l'air à la pression extérieure. Si on pratique un petit orifice en O, l'écoulement

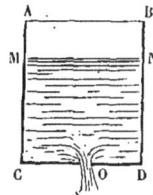

Fig. 94.

aura lieu ; mais l'air se raréfiant, il arrivera un moment où la pression de cet air, augmentée de la colonne liquide, fera équilibre à la pression atmosphérique. Cherchons la hauteur du liquide à ce moment. Soit AC = l, CM = h, p la hauteur du liquide, qui ferait équilibre à la pression atmosphérique. On aura évidemment au moment de l'équilibre

$$x + p\,\frac{l-h}{l-x} = p,$$

d'où :
$$x = \frac{p + l \pm \sqrt{(p+l)^2 - 4ph}}{2}.$$

Or, l est nécessairement plus grand que h ; donc

$$(p+l)^2 > (p+h)^2 ;$$

mais $(p+h)^2 - 4\,ph = (p-h)^2 > 0$

donc *à fortiori :* $(p+l)^2 - 4\,ph > 0$

Les racines sont donc toujours réelles. De plus, on reconnaît que le signe $+$ du radical correspond à une valeur de x plus grande que l ; c'est donc le signe inférieur du radical qu'il faut prendre.

129. *Fontaine intermittente.*
Le cas que nous venons d'examiner sert de principe à l'appareil connu sous le nom de fontaine intermittente. Il se compose
(fig. 95) d'un ballon A que l'on
peut fermer hermétiquement à
l'aide d'un bouchon, communiquant, à volonté, avec des ajutages t, t', par lesquels peut
s'écouler l'eau qu'il contient.
Un tube droit h s'élève jusqu'à
la partie supérieure du ballon,
et se termine inférieurement à
une petite distance du fond du
bassin B. Ce dernier est percé

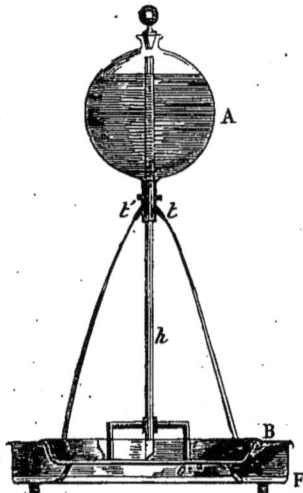

Fig. 95.

d'une petite ouverture *o*, par laquelle l'eau qu'il reçoit s'écoule
dans le bassin inférieur F. Supposons qu'on mette de l'eau dans le
ballon et qu'on établisse la communication avec les ajutages, le
liquide s'écoulera dans le bassin B, et de ce dernier dans F. Mais le
diamètre de l'ouverture *o* est tel qu'elle débite moins d'eau qu'il n'en
tombe des ajutages; le liquide s'accumulera donc dans B, et finira
par couvrir l'extrémité inférieure du tube *h*. A ce moment, la communication sera supprimée entre l'air extérieur et la partie supérieure du ballon; l'écoulement s'arrêtera donc au bout de quelques
instants. Mais le bassin B continuant à se vider par l'ouverture *o*,
le liquide du bassin descendra au-dessous de l'extrémité inférieure
du tube; alors l'air pénétrera dans l'intérieur du ballon, l'écoulement recommencera, pour s'arrêter de nouveau, et ainsi de suite.

150. *Flacon de Mariotte.* Le flacon de Mariotte est un appareil
que l'on emploie fréquemment pour produire un écoulement
constant, et qui va nous fournir une intéressante application des
principes de l'écoulement des liquides. Il se compose (fig. 96) d'un

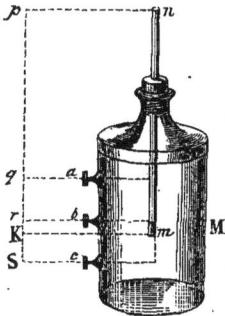

Fig. 96.

flacon M, muni de trois ajutages *a*, *b*, *c*,
situés à des hauteurs différentes; ce flacon
est fermé par un bouchon que traverse un
tube *mn* ouvert à ses deux extrémités.
Supposons que le tube et le flacon soient
entièrement pleins d'eau, que l'extrémité inférieure de *mn* soit entre les niveaux
des ajutages *b* et *c*, et cherchons ce qui
arrivera lorsque l'on ouvrira l'un quelconque des ajutages. Si on considère le plan
horizontal passant par *b*, toutes les molé-
cules situées dans ce plan sont soumises à une même pression,
égale à la pression atmosphérique, augmentée de celle due à la
hauteur de liquide *rp*. Si donc on ouvre l'ajutage *b*, le liquide
s'écoulera, et le niveau descendra en même temps dans le tube,
jusqu'à celui du point *b*. A ce moment la pression étant la même
à l'extérieur et à l'intérieur, l'écoulement s'arrêtera. On remarquera que c'est le liquide du vase qui s'écoule, tandis que celui du

tube le remplace. Il est impossible en effet qu'un vide se fasse dans la partie supérieure du vase; car les points de la couche *br* qui seraient au-dessous, ne seraient soumises qu'à la pression due au liquide qui les surmonte; tandis que ceux de l'intérieur du tube seraient soumis à une pression plus grande. Supposons que dans l'état actuel on ouvre l'ajutage *a*; les points de la couche liquide située à ce niveau étant soumis à une pression moindre qu'une pression atmosphérique, de l'air s'introduira par l'ouverture *a*, s'élèvera dans la partie supérieure du vase et fera monter le liquide dans le tube jusqu'au niveau de l'ouverture. Supposons enfin qu'on ouvre l'ajutage *c*. Remarquons que tous les points de la couche liquide située sur le niveau de *c*S, supportent une pression égale à la pression atmosphérique, augmentée de celle due à la hauteur du liquide jusqu'au point où il s'élève dans le tube. Le liquide s'écoulera donc, et dans les premiers moments il descendra dans le tube jusqu'en *m*, le vase restant toujours plein. A partir de ce moment, l'air s'introduira bulle à bulle, par l'extrémité *m*; car il faudra qu'à chaque instant la pression sur tous les points de la couche *cs*, soit égale à la pression atmosphérique. L'écoulement se fera donc en vertu d'une pression constante, due à une hauteur de liquide égale à KS. La vitesse sera exprimée par conséquent par $\sqrt{2g \cdot \overline{KS}}$. A vrai dire l'écoulement n'est pas rigoureusement constant, car l'introduction de l'air a lieu non d'une manière continue, mais par saccades, bulle à bulle; mais il ne résulte de là que de légères oscillations, et on peut considérer la dépense moyenne, pendant un temps même assez court, comme constante.

131. *Fontaine de Héron.* Cet appareil, décrit par le célèbre géomètre dont il porte le nom, se compose (fig. 97) essentiellement d'un vase A contenant de l'eau, qui, à l'aide du tube *t* s'écoule à la partie inférieure d'un second vase A'. Par le tube *t'*, l'air de ce dernier vase vient s'accumuler à la partie supérieure du vase A'' contenant aussi de l'eau. La pression de l'air augmentant, à mesure que l'écoulement continue, forcera le liquide à s'élever par le tube *t''*, à l'extrémité duquel se formera un petit jet.

Le principe de la fontaine de Héron a été utilisé dans l'épuise-

ment de certaines mines, de celles de Schemnitz notamment. De
l'eau provenant d'une source élevée (fig. 98) est reçue dans un

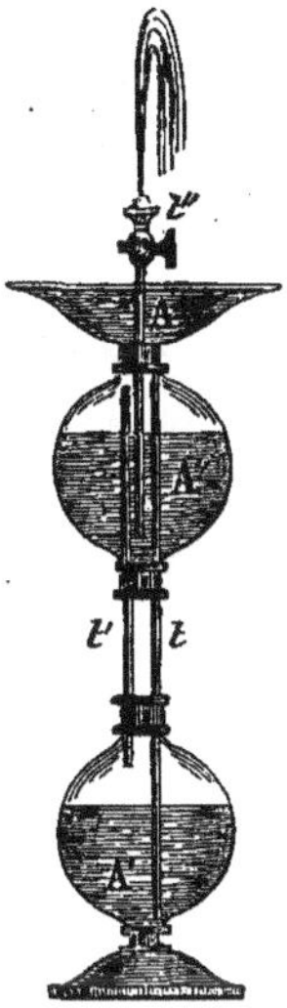

Fig. 97. 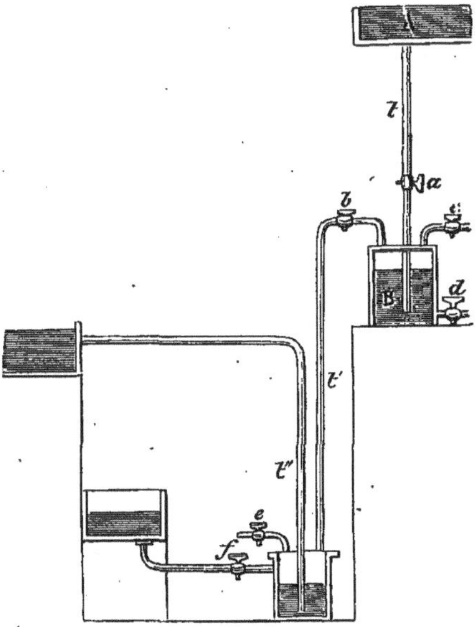   Fig. 98.

vase B renfermant de l'air atmosphérique. Cet air est comprimé
et s'échappe par un tube t', dans un second vase où se trouve l'eau
à élever. La surface de celle-ci est donc soumise à une pression qui
la fait monter par le tube t''. Si on fait arriver de nouveau de
l'eau dans le réservoir, et qu'on enlève celle qui s'est accumulée
dans B, on pourra recommencer l'opération et ainsi autant de fois
qu'on le voudra. C'est dans ce but que sont établis les six robinets a, b, c, d, e, f que l'on fait mouvoir alternativement.

Pendant que la machine fonctionne, les robinets a et b sont
ouverts. Lorsque l'eau du réservoir est épuisée, on les ferme l'un
et l'autre, on ouvre les deux robinets d et c, par le premier l'eau
s'écoule, par le second l'air rentre, de façon que le vase B se trouve
plein d'air à la pression atmosphérique. On ouvre également le
robinet f, par lequel s'introduit une nouvelle quantité d'eau dans

le réservoir, en même temps que l'air s'échappe par le robinet e. On peut donc maintenant, en ouvrant les robinets a et b, épuiser la nouvelle quantité d'eau qui vient d'entrer dans le réservoir, et ainsi de suite.

Lorsque l'air, qui était dans B, a passé dans le réservoir, il y est soumis à une pression qui surpasse la pression atmosphérique de celle due à la hauteur de chute de l'eau de la source ; son volume est donc plus petit que celui de B, par conséquent, à chaque fois on expulse moins d'eau du réservoir, qu'il n'en arrive dans B. Si V et V′ désignent les volumes de ces deux réservoirs, H la pression atmosphérique et h la hauteur de chute, on aura évidemment d'après la loi de Mariotte :

$$V(H + h) = V'h,$$

d'où :
$$V = V' \frac{H}{H + h}.$$

On voit aisément d'ailleurs que la hauteur *maxima* à laquelle l'eau pourra être portée, sera égale à h, et qu'en réalité, à cause des pertes de force inhérentes à toute machine, elle sera plus faible.

152. *Siphon.* Le siphon a en général pour objet de transvaser un liquide d'un vase dans un autre. Il se compose d'un tube recourbé AB à branches inégales (fig. 99), dont une des extré- mités A plonge dans un liquide, et l'autre s'ouvre dans l'air ou vient plonger dans le liquide d'un autre vase. Si on suppose le siphon plein de liquide, c'est-à-dire *amorcé*, il est fa- cile de voir qu'il y aura écoulement de A en B. En effet, si on considère une couche de liquide S, située dans la partie la plus élevée du siphon, cette couche éprouvera de gauche à droite une pression égale à la pression atmosphérique, diminuée de celle qui est due à la hauteur du liquide SK. Si on désigne cette dernière

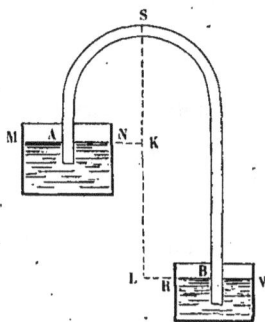

Fig. 99.

par h et par H la pression atmosphérique exprimée en hauteur du liquide qui remplit le siphon, la pression de gauche à droite sera H — h. La pression de droite à gauche sera H — SL = H — h'. Or, h' étant plus grand que h, la première pression l'emporte sur la seconde; la couche S se mouvra donc de gauche à droite. Mais la colonne liquide ne peut point se diviser, à cause de la pression atmosphérique qui aurait pour effet de faire remplir immédiatement, par le liquide, le vide qui se serait formé. L'écoulement continuera donc jusqu'à ce que le liquide dans le vase MN soit descendu au-dessous du niveau de la petite branche du siphon.

Il est évident que le siphon ne peut fonctionner qu'autant que SK est inférieure à la hauteur du liquide faisant équilibre à la pression atmosphérique.

La force qui produit l'écoulement est la pression représentée par une colonne de liquide $h' — h$; la vitesse est donc égale à $\sqrt{2g(h' — h)}$.

Si l'on suppose que le milieu ambiant ait une densité telle que l'on ne puisse pas négliger la variation de pression qui se produit en passant du niveau MN au niveau RV, l'expression de la vitesse doit être modifiée. Soit d la densité du liquide à transvaser, d' celle du milieu ambiant; l'excès de pression de gauche à droite est représenté par le poids d'une colonne liquide de densité d d'une hauteur égale à $h' — h$, moins le poids d'une colonne de même hauteur de densité d', c'est-à-dire $(h' — h)\,d — (h' — h)\,d'$ $= (h' — h)\,(d — d')$.

Or, la hauteur m du liquide à transvaser qui produirait la même pression, serait donnée par la relation

$$md = (h' — h)(d — d');$$

la vitesse d'écoulement sera donc :

$$v = \sqrt{2gm} = \sqrt{2g\,\frac{(h' — h)(d — d')}{d}}.$$

Si d' était plus grand que d, v serait négatif, c'est-à-dire que l'écoulement aurait lieu en sens contraire.

133. On peut amorcer le siphon par divers moyens ; voici les plus employés : on soude à la longue branche du siphon un tube BM (fig. 100), par l'extrémité supérieure duquel on aspire, en ayant soin de fermer avec le doigt l'extrémité B. L'aspiration fait monter le liquide qui remplit le siphon et l'amorce.

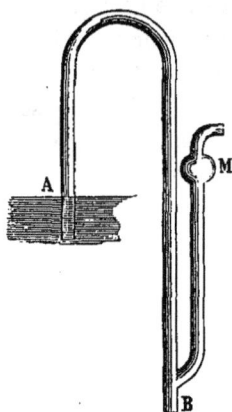

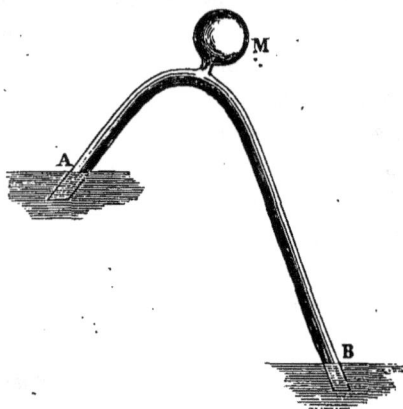

Fig. 100.   Fig. 101.

Lorsque le liquide ou ses vapeurs sont délétères, on ne peut employer cette méthode; l'appareil suivant est très-commode dans ce cas. Il se compose d'un siphon vers la partie supérieure duquel est soudée une boule M (fig. 101). Si l'on chauffe cette boule pendant que les deux extrémités du siphon plongent dans le liquide, l'air se dilatera et sortira en partie de l'appareil. Par le refroidissement, le liquide montera dans la branche A; dès qu'il aura dépassé la courbure, le siphon sera amorcé. Une portion du liquide pénétrera dans la boule, qui pendant que l'appareil marchera, contiendra de l'air à une pression plus faible que la pression atmosphérique.

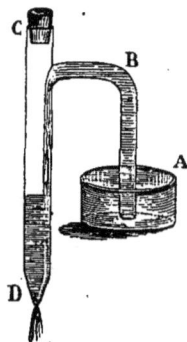

Fig. 102.

On peut aussi se servir d'un tube un peu large CD (fig. 102), communiquant avec le tube AB, d'un diamètre plus étroit. Si on à

préalablement introduit un peu de liquide dans CD, et qu'on le
fasse écouler, l'air se raréfiera au-dessus, le liquide montera en
AB, et finira par arriver dans le grand tube. A partir de ce moment,
l'écoulement continuera, chaque portion du liquide qui s'échappe
de CD, étant remplacée par une quantité égale venant de AB.

C'est une disposition analogue qu'on emploie pour le transva-
sement de l'acide sulfurique (fig. 103). La longue branche du siphon

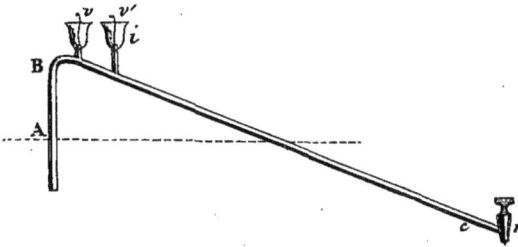

Fig. 103.

est remplie de liquide, que l'on introduit par l'ouverture v ; v' servant à laisser échapper l'air. Lorsqu'on ouvre ensuite le robinet
r, l'écoulement a lieu, et le siphon s'amorce comme précédemment.

154. Pour que les siphons fondés sur le principe précédent
puissent fonctionner, il faut que l'extrémité de la longue branche
plonge dans le liquide, ou que son ouverture, au moins, soit assez
petite pour ne pas permettre à l'air ex-
térieur de diviser la colonne pendant
l'écoulement. Il est d'ailleurs facile de
voir que la longueur n'est pas quelconque. Ainsi, dans le cas de la figure 104,
supposons la longue branche pleine de
liquide et cherchons la plus petite longueur x qu'elle puisse avoir. Soit $AB=a$
$BC=b$. A l'origine, la pression de l'air
est égale à la pression atmosphérique H

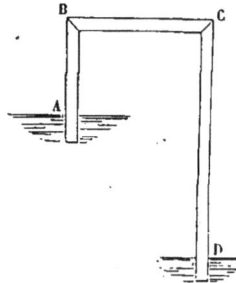

Fig. 104.

sous le volume a. Au moment de l'amorcement, le volume est

$b + x - a$, et la pression $H - a$; on a donc d'après la loi de Mariotte :

$$aH = (b + x - a)(H - a),$$

d'où :
$$x = \frac{aH}{H - a} + a - b.$$

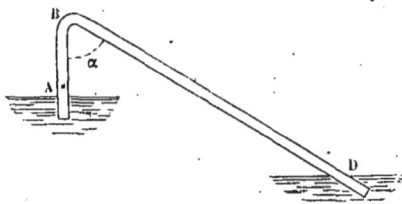

Fig. 105.

Si la disposition était celle de la figure 105, en désignant toujours AB par a on aurait évidemment

$$aH = \left(x - \frac{a}{\cos\alpha} \right)(H - a),$$

d'où :
$$x = \frac{aH}{H - a} + \frac{a}{\cos\alpha}.$$

155. On peut se servir du siphon, en le combinant avec la loi de Mariotte, pour produire un écoulement constant, ainsi que l'indique la figure 106. Il est évident que le liquide s'écoulera par le siphon, avec la vitesse constante, due à une hauteur égale à AB.

On peut aussi, à l'aide du siphon, produire un écoulement intermittent. Soit par exemple le vase M, dans l'intérieur duquel se trouve un tube recourbé (fig. 107), dont la petite branche se termine en a, à une petite hauteur au-dessus du fond, et la longue

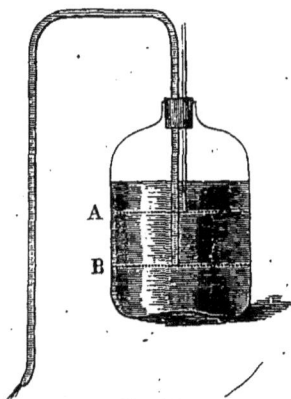

Fig. 106.

branche traverse le pied du vase. Si l'on fait arriver du liquide, celui-ci s'élèvera dans le vase, et dans la partie ab du tube recourbé et finira par atteindre et dépasser le point b; mais alors le siphon abc, étant amorcé, donnera issue au liquide que contient le vase. Or, si on suppose que le siphon débite plus d'eau qu'il n'en arrive dans le vase, celui-ci se videra; puis le siphon se remplira de nouveau et ainsi de suite. Si l'on conçoit la coupe en métal, et le siphon caché dans l'épaisseur : en inclinant le vase pour le porter à la bouche, du

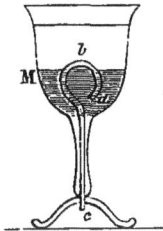

Fig. 107.

côté de la courbure du siphon, ce dernier s'amorcera, et l'écoulement du liquide aura lieu : de là le nom de vase de Tantale, que porte cet appareil, dans les vieux traités de physique.

C'est par une disposition analogue, qu'on s'accorde à expliquer les fontaines intermittentes naturelles. Supposons qu'un réservoir M (fig. 108), communique avec l'extérieur par un tube

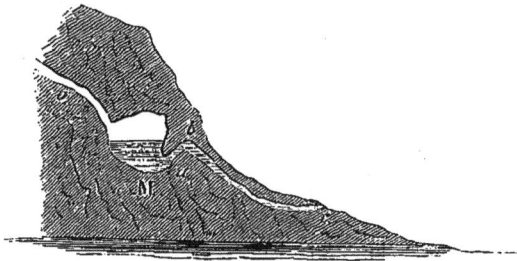

Fig. 108.

recourbé a, b, c formant siphon, et soit alimenté par un filet d'eau o, d'un débit inférieur à celui du siphon lui-même. Lorsque l'eau aura atteint la courbure b, le siphon s'amorçant, le réservoir se videra, et le même phénomène aura de nouveau lieu, quand par l'arrivée de l'eau de la source, le réservoir se sera rempli jusqu'en b.

CHAPITRE XXIV

Équilibre des liquides dans les espaces capillaires. — Phénomènes qui dépendent
de la capillarité.

136. Les lois de l'équilibre des liquides que nous avons énoncées dans les chapitres précédents, sont complétement modifiées,
lorsque les espaces dans lesquels ces liquides
sont renfermés, ont des dimensions très-
petites, lorsqu'ils sont *capillaires*. Ainsi,
par exemple, si l'on plonge un tube de
verre très-étroit ouvert à ses deux bouts
dans de l'eau ou dans tout autre liquide
qui puisse le mouiller, on reconnaîtra que
le niveau dans l'intérieur du tube est plus
élevé qu'à l'extérieur, et d'autant plus que
le diamètre du tube est plus petit. Si le
liquide ne mouille pas le tube, si c'est, par
exemple, du mercure, le contraire aura
lieu; le niveau sera plus bas dans le tube
qu'à l'extérieur. De même, si l'on prend
(fig. 109) des tubes recourbés ABC, A'B'C',

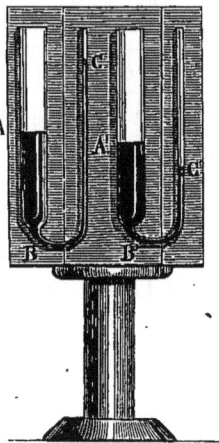

Fig. 109.

dont l'une des branches est capillaire, tandis que l'autre a un assez
grand diamètre, on voit que si le liquide mouille le tube, son
niveau dans la branche capillaire est plus élevé que dans l'autre;
c'est le contraire si le liquide ne mouille pas le tube.

137. En même temps que le niveau s'élève ou s'abaisse dans
un tube capillaire, on observe que la surface du liquide cesse
d'être plane; elle est concave vers l'air dans le cas de l'ascension
(fig. 110), convexe dans le cas de la dépression (fig. 111). On
peut reconnaître par une expérience bien simple, qu'il y a une
corrélation nécessaire entre la forme de la surface et le niveau du
liquide. On prend un tube recourbé ABC (fig. 112), dont l'une
des branches a un grand diamètre et l'autre est capillaire; on

verse dans l'intérieur un liquide qui mouille le tube, on reconnaît
ainsi que le niveau est plus élevé dans la branche capillaire. Si on

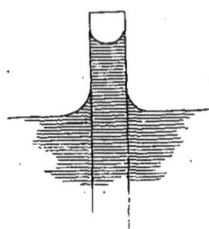

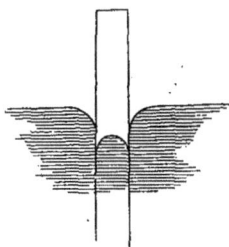

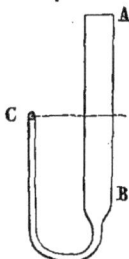

Fig. 110.   Fig. 111.   Fig. 112.

continue à verser du liquide dans la longue branche, avec précaution, le niveau atteint l'extrémité de la partie capillaire, la con-
cavité de la surface se remplit, et il arrive un moment où cette
surface est plane. Alors le niveau est le même dans les deux branches. Si on ajoute encore du liquide, il se forme à l'extrémité du
petit tube, une proéminence convexe ; à ce moment, le niveau
est plus élevé dans le grand tube. Quelle que soit donc la cause
des phénomènes dont il s'agit ici, on est conduit à ce résultat,
qu'une surface concave, fait naître une force de bas en haut, qui
s'ajoute aux autres forces qui sollicitent les molécules ; qu'une surface convexe, fait naître une force dirigée en sens contraire.

138. La dépression et l'ascension capillaires, se produisent
dans le vide comme dans l'air ; elles ne dépendent donc pas de la
pression atmosphérique ; elles sont le résultat des actions moléculaires qui s'exercent soit entre les molécules liquides, soit entre le
liquide et la substance du tube. La théorie complète de ces phénomènes est fort compliquée, et demande toutes les ressources de l'analyse ; nous nous bornerons à en indiquer les lois expérimentales.
La loi fondamentale consiste en ce que l'ascension ou la dépression
dans les tubes capillaires, varie en raison inverse des diamètres
de ces tubes. On peut vérifier aisément cette loi en observant, à
l'aide du cathétomètre, la différence de niveau de liquides renfermés dans des appareils semblables à ceux de la figure 109, en

ayant le soin de donner au large tube un diamètre assez considérable pour que la capillarité soit sans influence; il faut pour
cela environ 30 millimètres. Lorsque le liquide mouille le tube, il
est indispensable de le mouiller à l'avance dans toute son étendue;
on reconnaît alors que la nature du tube lui-même est sans influence.; la couche liquide adhérente aux parois forme dans ce
cas l'enveloppe réelle où se produit le phénomène. Quant à la
mesure du diamètre du tube, elle peut se faire très-exactement,
au moyen d'un microscope, muni d'un micromètre. Lorsque le
diamètre du tube est extrèmement fin, la méthode précédente ne
saurait être employée; car la colonne liquide devient véritablement invisible à travers la lunette du cathétomètre. On peut se
servir alors du procédé suivant : on comprime de l'air dans le
réservoir A (fig. 113), muni de deux tubulures a et b. A l'une

des tubulures, a, est fixé un manomètre à eau ou à mercure; à
l'autre, un tube recourbé à l'extrémité duquel est ajustée une petite longueur du tube particulier
que l'on veut soumettre à l'expérience; ce dernier plonge dans
le liquide. A mesure que l'air se
comprime, la différence de niveau
croît dans les deux branches du
manomètre, en même temps que
le liquide s'abaisse dans le tube
bL; il arrive un instant où de l'extrémité de ce dernier s'échappe
une bulle de gaz. On a reconnu,
par des expériences directes, qu'à

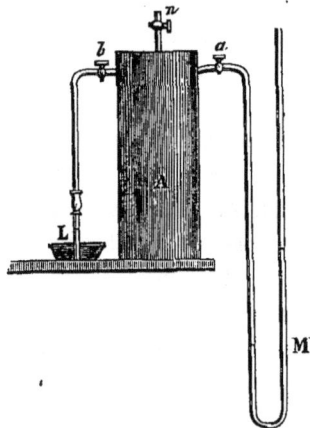

Fig. 113.

ce moment, la différence de niveau dans le manomètre, mesure
précisément la hauteur à laquelle le liquide se serait élevé directement par l'action capillaire; c'est cette hauteur elle-même si
le liquide du manomètre est le même que celui sur lequel on
expérimente; dans le cas où il n'en est pas ainsi, on ramène la

11

hauteur manométrique à ce qu'elle serait avec le liquide soumis à
l'expérience. La conclusion précédente suppose toutefois, que l'extrémité du tube capillaire ne fait, pour ainsi dire, qu'effleurer la
surface liquide; comme, en réalité, il plonge d'une certaine quantité, il faut mesurer avec soin cette dernière, et la retrancher de la
hauteur totale de la colonne qui mesure la pression. On a donc ainsi
un moyen très-précis de mesurer l'ascension capillaire, et qui présente d'ailleurs un avantage spécial. On a reconnu, en effet, que
la hauteur de la colonne soulevée ou déprimée par la capillarité,
dépend du diamètre du tube à l'endroit qui correspond à son sommet; ici le sommet, c'est l'extrémité même par laquelle les bulles
de gaz se dégagent, d'où il suit qu'il suffira de connaître le diamètre de cette extrémité, le tube pouvant d'ailleurs être irrégulier
au delà de ce point. On a reconnu, par ces diverses expériences,
que la loi énoncée plus haut, et qui est due à Gay-Lussac, n'est
vraie que pour des diamètres très-petits, 1 à 2 millimètres au
plus. Dans les tubes de 5 à 6 millimètres, et à plus forte raison
au delà, elle ne peut pas même être considérée comme un approxi-
mation.

159. Si l'on dispose deux glaces parallèlement l'une à l'autre
dans l'intérieur d'un liquide qui puisse les mouiller, celui-ci s'élève
entre elles deux, à une hauteur d'autant plus grande que la
distance qui les sépare est plus petite.

L'ascension se mesure à l'aide du cathétomètre; quant à l'écart
des deux lames, il est mesuré par l'épaisseur des fils métalliques
que l'on interpose entre elles, pour les maintenir parallèles. On
trouve ainsi, que la hauteur du liquide soulevé est en raison
inverse de l'écartement des lames quand celui-ci est très-petit;
mais pour des distances un peu plus grandes cette loi ne se vérifie
plus.

Si l'on compare l'ascension d'un liquide entre deux glaces parallèles à celle qui aurait lieu dans un tube d'un diamètre égal à
leur écartement, on trouve que celle-ci est notablement plus forte.
Suivant Gay-Lussac, la hauteur de la colonne soulevée dans le
second cas, serait le double de la première; des expériences plus

étendues sur ce point, semblent indiquer qu'elle est environ le triple.

140. L'ascension capillaire pour des liquides qui mouillent les tubes, dépend de la nature du liquide, et nullement de celle du tube, lorsque celui-ci a été préalablement mouillé dans toute son étendue. Dans le cas de la dépression, la nature du tube et celle du liquide ont toutes les deux une influence. Dans tous les cas, l'action capillaire est d'autant moins marquée, que la température est plus élevée.

141. Nous avons dit que les hauteurs barométriques devaient subir une correction due à la capillarité, c'est-à-dire qu'il faut ajouter à la hauteur observée la valeur de la dépression capillaire. On trouve dans les traités de physique des tables publiées par Bouvard, qui donnent la correction en fonction du diamètre du tube. Mais il est bien démontré aujourd'hui que ce n'est pas seulement de ce dernier élément que dépend l'action capillaire, que suivant que le mercure se meut dans un sens ou dans l'autre, ou avec plus ou moins de lenteur, le ménisque de métal subit lui-même des variations dans sa forme, qui amènent des variations correspondantes dans l'action capillaire. C'est à raison de cette circonstance que l'on a dressé des tables à double entrée, où l'on tient compte à la fois du rayon du tube, et de quelque autre circonstance propre à définir la forme du ménisque. Dans la table publiée par M. Delcros, d'après les formules de M. Schleiermacher, c'est la flèche du ménisque que l'on emploie, élément facile à mesurer.

Dans les tables publiées par M. Bravais, on se sert de l'*angle d'incidence*, c'est-à-dire de l'angle du dernier élément du ménisque avec la normale à la paroi du verre. Cette quantité se détermine dans chaque observation par une expérience directe. On place le baromètre de manière que le ménisque soit éclairé par la lumière des nuées, et on fait mouvoir du côté opposé à celui où se trouve l'œil, et de bas en haut, un écran dont l'arête supérieure est horizontale; le ménisque s'obscurcit peu à peu, et on peut saisir le moment précis où l'illumination cesse tout à fait. A cet instant,

l'œil supposé placé en O (fig. 114), reçoit le rayon réfléchi, BO,
correspondant au dernier
rayon incident KB. Appe-
lons H, l'angle KBA que fait
le dernier rayon incident
avec l'horizon, h l'angle que
fait aussi avec l'horizon le
rayon visuel OB mené à la
base du ménisque, et éle-
vons la normale BN au dernier élément. En appelant
x l'angle cherché, on aura
évidemment :

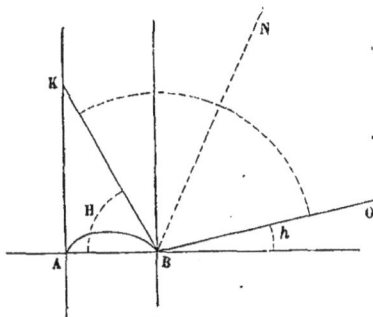

Fig. 114.

$$x = 90° - h - \mathrm{NBO} \qquad \mathrm{NBO} = \mathrm{NBK} = x + 90° - \mathrm{H}$$

D'où $x = \dfrac{\mathrm{H} - h}{2}$. L'angle H se calcule d'après la hauteur de
l'arête de l'écran au-dessus de la base du ménisque; h est donné par
l'observation d'un point éloigné, situé sur le même plan horizontal
que cette base et dont on mesure la hauteur angulaire. Dans un
observatoire météorologique il est facile de s'organiser pour que ces
déterminations se fassent d'une manière très-simple et très-rapide.

142. L'adhérence des liquides pour leurs propres molécules
ou pour celles des solides, détermine plusieurs phénomènes très-
simples qu'on peut rapporter à la capillarité. C'est ainsi, par
exemple, que si on plonge une tige de verre dans un liquide qui
puisse la mouiller, et qu'on la retire, elle entraîne avec elle une
goutte de liquide dont le poids dépend et de l'adhésion du liquide
pour le verre et de la cohésion de ses propres molécules. On utilise
fréquemment cette action moléculaire, lorsqu'on veut transvaser
un liquide d'un vase dans un autre, et éviter de le répandre; on
place une baguette de verre, le long de laquelle le liquide coule, en
vertu de son adhérence pour la matière du tube.

C'est à raison de ces forces moléculaires que si on suspend un
disque au plateau d'une balance, qu'on lui fasse équilibre, et qu'on

mette ensuite en contact sa surface inférieure avec un liquide, il faudra pour rompre l'équilibre un poids plus ou moins considérable. Les variations rapides de forme qu'éprouve la masse liquide au moment de la rupture, ne permettent pas de faire sur ce point des expériences de mesure bien comparables, mais le fait en lui-même a de l'importance. On reconnaît ainsi, que lorsque le disque est susceptible d'être mouillé par le liquide, les poids nécessaires pour déterminer la séparation ne dépendent que de la nature du liquide, et non point de celle du disque lui-même; la nature de l'un et de l'autre influent, au contraire, quand le liquide ne mouille pas le disque. Ce phénomène est tout à fait analogue à celui que nous avons indiqué plus haut (140). De même, si on presse de haut en bas un disque en contact avec un liquide par sa surface inférieure, il se produira une dépression dans le niveau du liquide, mais il faudra pour submerger le disque un poids plus ou moins considérable. C'est cette circonstance qui explique pourquoi un disque mince et plan de métal peut flotter sur l'eau; il suffit que son poids ne dépasse pas celui du volume d'eau déplacé par le disque lui-même et par la dépression qu'il produit. C'est de la sorte également qu'on explique l'expérience si connue, qui consiste à faire flotter une aiguille à la surface de l'eau, et la possibilité, pour certains insectes, de *marcher* pour ainsi dire à la surface de l'eau.

CHAPITRE XXV

ÉLECTRICITÉ ET MAGNÉTISME.

Phénomènes généraux de l'électricité. — Loi des attractions et des répulsions électriques.

143. Lorsque l'on frotte un tube de verre avec une étoffe de laine, on remarque qu'après le frottement le tube de verre jouit de la propriété d'attirer les corps légers. Si on approche le doigt, on observe une petite étincelle lumineuse qui est accompagnée d'un bruissement particulier. Le tube de verre a donc acquis dans ces circonstances des propriétés curieuses et caractérisques ; on dit qu'il est électrisé, et on appelle électricité l'agent auquel on attribue les phénomènes précédents. Le verre n'est pas la seule substance qui soit susceptible de s'électriser par le frottement ; la gomme laque, les pierres précieuses, le soufre, l'ambre jaune et un grand nombre d'autres substances présentent la même propriété. Tous ces corps ne paraissent pas pourtant également propres à manifester cette propriété ; car une tige de métal frottée avec de la laine, ou toute autre substance, ne présente après le frottement aucun phénomène particulier. De là l'ancienne distinction des corps idioélectriques et anélectriques. Sous la première dénomination, on désigne les corps qui, comme le verre et la résine, peuvent s'électriser quand on les tient à la main ; sous la seconde, ceux qui ne présentent pas ce caractère.

144. Il est facile de voir que cette distinction n'est pas fondée ; car si l'on prend un cylindre en cuivre A (fig. 115) tenu à la

A   B

Fig. 115.

main par un manche de verre B, et qu'on le frotte avec de la laine, il présentera tous les caractères des corps électrisés. La différence des effets obtenus ne tient donc pas à une incapacité des métaux de manifester la vertu électrique, mais plutôt à une incapacité de la conserver. L'expérience suivante met en évidence la cause réelle des différences que l'on observe. Si l'on prend une tige en cuivre AA′ (fig. 116) entourée dans sa partie moyenne d'un cylindre de verre qui sert à la tenir à la main, on remarque qu'en élec-

A   M   A′

Fig. 116.

trisant l'une des extrémités, l'autre extrémité acquiert instantanément la propriété d'attirer les corps légers. Donc il y a entre les corps idioélectriques et les métaux cette différence que les premiers ne sont électrisés qu'aux points directement frottés, tandis que les seconds transmettent la propriété électrique à tous les points de leur surface. Les premiers sont *bons conducteurs*, les seconds *mauvais conducteurs* de l'électricité; ces derniers sont aussi appelés corps isolants. La conductibilité électrique n'est pas du reste une propriété absolue; il y a à cet égard des différences d'un corps à l'autre, comme dans toutes les propriétés physiques. Il est toutefois difficile dans l'état de la science d'exprimer par des nombres les rapports de conductibilité des différents corps; on peut seulement assigner à peu près l'ordre dans lequel ils doivent être placés.

I.

Corps conducteurs placés dans l'ordre de leur pouvoir conducteur.

Tous les métaux,	Minerais métalli-	Végétaux vivants,
Charbon calciné,	ques,	Animaux vivants,
Plombagine,	Fluides animaux,	Flamme,
Acides concen-	Eau de mer,	Fumée,.
trés,	Eau de source,	Vapeurs,
Acides étendus,	Eau de pluie,	Terres et pierres
Solutions salines,	Neige,	humides.

II.

Corps isolants placés dans l'ordre de leur faculté isolante.

Gomme laque,	Soie,	Marbre,
Ambre,	Cheveux,	Camphre,
Résines,	Laine,	Caoutchouc,
Soufre,	Plume,	Craie,
Cire,	Papier sec,	Chaux,
Jais,	Parchemin,	Phosphore,
Verre,	Cuir,	Huiles,
Mica,	Bois qui a été for-	Oxydes métalliques
Diamant,	tement chauffé,	secs.
Pierres précieuses,	Porcelaine,	

L'air sec est un isolant assez parfait; mais il devient bon conducteur par les temps humides. En outre, dans ce cas, les supports isolants se recouvrent d'humidité et deviennent aussi bons conducteurs ; alors, dans ces circonstances, les corps conservent difficilement leur électricité. Le pouvoir isolant de l'air diminue avec la pression; dans le vide toute électricité disparaît.

145. Lorsqu'un corps conducteur isolé et électrisé est mis en contact avec un autre conducteur, isolé aussi mais non électrisé, on remarque qu'après le contact les deux corps jouissent des propriétés électriques ; la vertu électrique s'est donc pour ainsi dire répartie entre les deux corps. Si le dernier corps a une très-grande surface par rapport au premier, la vertu électrique de celui-ci s'affaiblit très-notablement et peut devenir sensiblement nulle. C'est ce qui arrive lorsqu'on met un corps électrisé en communication avec le sol qui, à raison des diverses substances qui le composent, peut être considéré comme un bon conducteur; après la communication le corps a perdu toute vertu électrique. De là le nom de réservoir commun donné à la terre. On conçoit maintenant pourquoi il est impossible d'électriser une tige métallique en la tenant à la main, car l'électricité, à mesure qu'elle se développe, s'écoule dans le sol par l'intermédiaire du corps humain qui, comme l'indique le tableau I, est bon conducteur.

146. On emploie pour étudier les premiers phénomènes de l'électricité le pendule électrique. Il se compose (fig. 117) d'une balle en moelle de sureau B, suspendue par un fil de soie, à l'extrémité d'un tube de verre. Lorsque l'on approche un corps électrisé A, la petite balle est attirée d'abord; mais dès qu'elle a touché le corps, à l'attraction succède une répulsion, et pour qu'elle puisse être attirée de nouveau, il faut la remettre à l'état naturel. Si l'on frotte un tube de verre

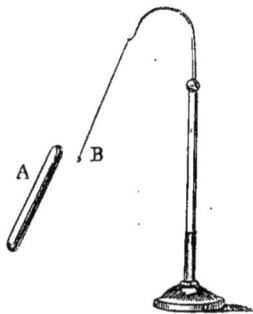

Fig. 117.

et un bâton de résine, et qu'on les approche du pendule, on remarque que tous les deux l'attirent; mais si la balle de sureau vient à toucher le tube de verre, elle est repoussée par celui-ci, tandis qu'elle est attirée par le bâton de résine. De même la balle de sureau ayant touché le bâton de résine, elle sera repoussée par ce dernier et attirée par le tube de verre. L'électricité développée sur le verre n'a donc pas les mêmes propriétés que celle qui est développée sur la résine. De plus, la différence est telle, que les effets produits sont pour ainsi dire de signe contraire. L'électricité développée dans le premier cas, s'appelle électricité *positive*, l'autre prend le nom d'électricité *négative*.

On voit de plus que deux corps électrisés positivement tous les deux, ou tous les deux négativement, se repoussent; tandis que deux corps dont l'un est électrisé positivement et l'autre négativement, s'attirent.

147. *Hypothèses électriques*. On admet pour expliquer les phénomènes électriques, qu'il existe deux fluides impondérables, l'un appelé fluide positif, ou électricité positive; l'autre, fluide négatif ou électricité négative. Les particules similaires de ces fluides se repoussent, et les particules de nom contraire s'attirent. La réunion de quantités égales de fluides nom contraire, forme du fluide neutre ou naturel, que l'on suppose exister dans tous les corps en quantité inépuisable, et qui ne produit aucun phénomène particulier. Sous diverses influences, parmi lesquelles il faut noter le frottement, le fluide neutre se décompose en fluide négatif et fluide positif. C'est à l'existence et à l'action réciproque des fluides ainsi séparés, que sont dus les phénomènes électriques.

On trouve une première confirmation des hypothèses précédentes, lorsqu'on cherche la nature des électricités que possèdent deux corps qui ont été frottés l'un contre l'autre. On remarque en effet, et cette règle est sans exception, que les deux corps sont électrisés d'une manière différente, c'est-à-dire que si on les met en présence d'un pendule électrique préalablement électrisé, l'un attire le pendule, tandis que l'autre le repousse. Ce fait peut être facilement vérifié au moyen de deux disques soutenus par des manches isolants, et que l'on frotte l'un contre l'autre. Des cir-

constances très-légères en apparence déterminent l'électricité positive à se porter sur l'un des corps plutôt que sur l'autre. Dans la
liste suivante, les corps s'électrisent positivement avec ceux qui
précèdent :

Peau de chat,	Plumes,	Soie,
Verre poli,	Bois,	Gomme laque,
Étoffe de laine,	Papier,	Verre dépoli.

148. *Lois des attractions et des répulsions électriques.* Ces
lois ont été établies par Coulomb, à l'aide de la balance de torsion.
Elle se compose (fig. 118) d'une cage en verre, rectangulaire ou

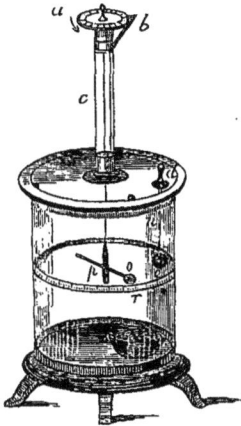

Fig. 118.

cylindrique, surmontée d'un tube vertical, lequel se termine par une virole
métallique portant un repère *b*. Une
seconde virole *a* peut tourner sur la
première et porte sur sa surface supérieure un cadran divisé en 360 parties
égales. Le centre de la virole *a* est
percé d'une ouverture dans laquelle
s'engage à frottement libre un cylindre
métallique portant inférieurement une
pince que l'on peut serrer au moyen
d'un anneau. Cette partie de l'appareil
porte le nom de micromètre. Un fil
métallique très-fin, fixé à la pince par
sa partie supérieure, supporte inférieu-
rement une petite masse métallique *p*, qui est traversée par une
aiguille très-fine en gomme laque, portant à l'une de ses extrémités
un petit disque de papier doré *o*, ou une balle de sureau. Dans le
plan horizontal qui contient l'aiguille se trouve une petite bande de
papier *r* portant des divisions angulaires. Lorsque la cage est cylindrique, le 0° est en un point quelconque; mais lorsqu'elle est carrée,
il importe, pour la commodité de la division, de placer l'origine de
la graduation au milieu de l'une des glaces, puis on porte de part
et d'autre des longueurs égales aux accroissements des longueurs

des tangentes de 1°, 2°, 3°, etc. Enfin, vis-à-vis la division 0°, se trouve une boule conductrice fixe *e*, maintenue par une tige en gomme laque *n* qui traverse une ouverture *d* située sur la partie supérieure de la caisse.

149. Cela posé, voici la manière d'opérer dans le cas de la répulsion : on tourne la virole du micromètre jusqu'à ce que le repère se trouve sur le 0 de la division ; puis on tourne le bouton de manière à amener la boule mobile, en contact avec la boule fixe sans aucune torsion. On électrise alors la boule fixe, qui, communiquant son électricité à la boule mobile, repousse celle-ci à une distance angulaire, que l'on apprécie à l'aide de la division de la cage. On tord ensuite le fil en sens contraire de la répulsion, de manière à amener la boule mobile à une distance différente. Or, l'équilibre résulte de l'action contraire de la torsion et de la force répulsive ; d'ailleurs, la force de torsion est proportionnelle à l'angle de torsion ; en comparant donc les angles totaux de torsion avec les angles d'écart, on pourra en déduire la loi que les corps électrisés se repoussent en raison inverse du carré de la distance.

Voici, en effet, les nombres obtenus par Coulomb, dans une expérience faite devant les membres de l'Académie des sciences. L'écart primitif de la boule mobile fut de 36° ; pour ramener cette distance à n'être que 18°, il fallut tourner le micromètre de 126°, et pour la ramener à 8° $\frac{1}{2}$, il fallut une nouvelle rotation de 441°, ce qui fait pour ce second cas une rotation totale de 575°,5. On voit donc que dans ces trois cas, les distances étant entre elles sensiblement comme 4, 2 et 1, les forces de torsion ou les forces répulsives qui leur font équilibre, sont entre elles comme 36, 144° = 126° + 18°, 575,5 = 567 + 8°,5 ; ou bien comme les nombres 1, 4, 16. La loi se trouve donc démontrée.

150. Il faut remarquer cependant que dans la vérification précédente on suppose 1° que la distance des deux boules est mesurée par l'arc ; 2° que la force répulsive est directement opposée à la force de torsion. Or, ni l'une ni l'autre de ces hypothèses n'est exacte ; de sorte que la vérification précédente n'est pas suffisamment précise. Mais on peut facilement éliminer toute supposition erronée, et voir que la loi énoncée ressort suffisamment des nombres trouvés par Coulomb.

Soit en effet O (fig. 119) le centre du cercle décrit par la boule mobile, $AOB = \alpha$ l'angle d'écart : la distance AB des deux boules, est égale à $2OA \sin \frac{1}{2}\alpha$. Si on la désigne par d et OA par l, on aura $d = 2l \sin \frac{1}{2}\alpha$. Or, si on suppose la loi vraie, et qu'on désigne par f la répulsion à l'unité de distance, la répulsion à la distance d sera

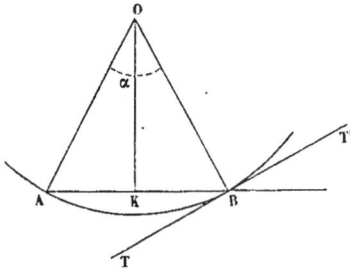

Fig. 119.

$\dfrac{f}{4l^2 \sin^2 \frac{1}{2}\alpha}$. La force de torsion agit en B, suivant la tangente BT, elle est d'ailleurs égale à nA ; A désignant l'angle total de torsion et n la force de torsion pour un degré. Cette force de torsion est équilibrée par la composante de la force répulsive suivant BT′. On aura donc :

$$\frac{f \cos \frac{1}{2}\alpha}{4l^2 \sin^2 \frac{1}{2}\alpha} = n\text{A},$$

ou :

$$\frac{f}{4nl^2} = \text{A} \sin\tfrac{1}{2}\alpha \ \text{tg}\tfrac{1}{2}\alpha.$$

Or, le premier membre de cette égalité est constant, donc il doit en être de même du second, si la loi qu'on veut démontrer est exacte. C'est ce que confirme le tableau suivant :

	α	A	$A \sin\frac{1}{2}\alpha\ \text{tg}\frac{1}{2}\alpha.$
Première expérience.....	36	36	3,614
Deuxième — :....	18	144	3,568
Troisième —	8 $\frac{1}{2}$	575 $\frac{1}{2}$	3,169
La même en supposant...	9	576	3,557

La différence entre les deux premiers nombres est insignifiante ; quant à la différence entre le second et le troisième, elle est un peu plus forte. On voit cependant qu'elle ne correspond qu'à un demi-degré d'erreur dans l'observation de l'arc. D'ailleurs, les boules étant alors très-voisines, il se produit des phénomènes que nous expliquerons bientôt, et qui ne permettent pas de les regarder comme des points. En outre, il y a toujours déperdition d'électricité, d'où il résulte que les nombres que l'on obtient ne doivent pas être rigoureusement constants, mais décroissants; c'est ce que l'on observe dans le tableau.

151. Pour déterminer la loi des attractions, on peut opérer d'une manière analogue. Après avoir mis l'aiguille du micromètre sur le zéro, on tourne la virole jusqu'à ce que la boule mobile soit à une certaine distance angulaire de la boule fixe, puis on les électrise différemment l'une et l'autre. Les deux boules s'attirent, *et si l'équilibre est possible*, se maintiennent à une certaine distance angulaire que l'on note. On tord ensuite le fil, de manière à éloigner davantage les deux boules; en comparant les angles de torsion avec les distances, on pourra reconnaître que la loi est la même que pour la répulsion. L'expérience est toutefois beaucoup plus délicate. Si, en effet, les boules ne sont pas très-faiblement électrisées, il peut n'y avoir aucune position d'équilibre, et les deux boules se précipitent l'une vers l'autre. Cela tient à ce que la force attractive peut augmenter indéfiniment, tandis que la force de torsion ne peut pas dépasser une certaine limite. Si, par exemple, m est l'arc initial d'écart, a celui qui correspond à l'équilibre et qu'on désigne par f la force attractive à l'unité de distance, $\dfrac{f}{a^2}$ sera la force à la distance a, et on devra avoir pour l'équilibre $\dfrac{f}{a^2} = n\,(m - a)$, ou $f = nma^2 - na^3$.

Or, le second membre est susceptible d'un *maximum* correspondant à une valeur de a donnée par l'équation $2nma - 3na^2 = 0$, d'où $a = \dfrac{2}{3}\,m$. Ce *maximum* est donc égal à $\dfrac{4}{27}\,nm^3$.

Il faut donc que f soit plus petit que cette quantité, sans quoi l'équilibre est impossible. De plus, malgré la possibilité de l'équi-

libre, il peut se faire que les oscillations de l'aiguille l'amènent assez
près de la boule fixe pour qu'il y ait attraction jusqu'au contact. Il
convient donc, et c'est ce que faisait Coulomb, de tendre dans la
cage de verre un fil de soie, qui empêche la jonction des deux boules.

152. Il résulte de ces explications que ce procédé est loin de
fournir des résultats aussi précis que dans le cas de la répulsion.
Coulomb l'a remplacé par un autre d'un grand usage dans les
recherches de physique. Il consiste à suspendre horizontalement,
par son centre de gravité, une aiguille portant un disque de papier
doré et de la mettre en présence d'un globe électrisé d'une manière différente. En écartant l'aiguille de sa position d'équilibre,
elle exécutera autour d'elle un certain nombre d'oscillations. Coulomb constata que ces oscillations étaient isochrones ; on peut donc
les assimiler aux oscillations d'un pendule. En effet, les ampli-
tudes étant très-petites, et l'aiguille se trouvant à une assez grande
distance du globe, on peut admettre que la direction de la force
électrique est constante. Il résulte de là que si g désigne l'intensité de cette force, l la longueur de l'aiguille et t la durée d'une

oscillation, on aura $t = \pi \sqrt{\dfrac{l}{g}}$.

Or, f désignant l'attraction à l'unité de distance, $\dfrac{f}{d^2}$ sera l'attraction à la distance d, en supposant vraie la loi qu'il s'agit de

démontrer, la formule devient donc $t = \pi d \sqrt{\dfrac{l}{f}}$. On voit donc
que la durée de l'oscillation devra être proportionnelle à la distance du centre du globe au centre du disque. C'est ce que l'expérience confirme comme le montre le tableau suivant.

Distance du centre du disque au centre du globe.	Durée de 15 oscillations.
9 pouces........	20″
18 —	44″
24 —	60″

On voit que pour les deux premiers nombres, la loi de la proportionalité se vérifie. Quant au dernier, d'après cette même loi on aurait dû obtenir 53 au lieu de 60. Mais il faut remarquer que la charge électrique du globe diminue pendant la durée de l'expérience. En tenant compte de la déperdition, par la méthode qui sera exposée plus loin, on trouve que le nombre corrigé est 57. La loi des attractions et des répulsions électriques peut donc être considérée comme démontrée.

155. On peut démontrer aussi, à l'aide de la balance de torsion, que les attractions et répulsions sont proportionnelles aux charges électriques.

Supposons que par l'action de la force répulsive, les deux boules soient maintenues à une distance égale à a, et que la force totale de torsion soit A. On touche la boule fixe avec une boule exactement égale et isolée; il est évident que l'électricité se partagera également entre les deux boules, de sorte qu'après le contact la boule fixe ne contient plus que la moitié de l'électricité qu'elle possédait d'abord. Or, les deux boules se rapprochent, et on remarque que pour que la distance devienne la même, il faut détordre le fil, de façon que la torsion totale ne soit plus que la moitié de ce qu'elle était primitivement. Si on touche une seconde fois la boule fixe, on lui enlèvera encore la moitié de son électricité, et on remarquera que pour maintenir la même distance il faut ramener la torsion à n'être que le quart de la torsion primitive.

On observerait le même phénomène, si, au lieu de toucher la boule fixe, on touchait la boule mobile; de sorte qu'on peut conclure que la force totale d'attraction ou de répulsion, exprimée par $\dfrac{F}{D^2}$, diminuant proportionnellement à la quantité d'électricité pour chacune des boules, il faut nécessairement que F renferme le produit de deux facteurs R, R', propres à chacune d'elles, et représentant la quantité d'électricité qu'elle possède. La force totale d'attraction ou de répulsion à la distance D a donc pour expression générale $K \dfrac{RR'}{D^2}$, K étant la force attractive ou répulsive à l'unité de distance, pour des charges électriques égales à l'unité.

154. Il faut remarquer que la loi générale que nous venons d'énoncer, est la loi élémentaire, se rapportant pour ainsi dire à deux molécules du fluide électrique. Lorsqu'en répétant les expériences de Coulomb, on prend des corps dont les dimensions sont trop considérables par rapport à leurs distances, on trouve que la loi ne se vérifie pas; il en serait de même s'il y avait entre les corps une trop grande différence de charge, car alors il s'exercerait une influence réciproque, dont nous aurons à nous occuper plus loin. Les expériences de Coulomb ont été faites dans des circonstances où ces phénomènes n'ont pas eu assez d'importance pour masquer la loi fondamentale qui doit être considérée comme parfaitement établie.

CHAPITRE XXVI

Lois de la déperdition de l'électricité par le contact de l'air et par les supports.

155. Le contact de l'air et la faculté imparfaite d'isolement des supports, s'opposent à ce que les corps conservent longtemps leur électricité. Coulomb a cherché à déterminer la loi de cette déperdition, afin de pouvoir, dans certains cas, corriger les résultats de l'erreur due à cette cause. Pour y parvenir, il était important d'isoler les effets dus au contact de l'air et à l'imperfection des supports, afin de n'avoir à s'occuper que d'une seule cause de déperdition. Or, l'expérience prouve que, pour une même charge-électrique l'isolement est d'autant plus parfait que le support est plus long, et en second lieu que pour la même longueur de support, l'isolement est d'autant meilleur que la charge est plus faible. Il résulte de là que pour une faible charge électrique, on peut trouver une longueur de support telle que l'isolement soit à peu près parfait. C'est ainsi, par exemple, que lorsque l'électricité est en faible quantité, un petit cylindre de gomme laque ou de cire d'Espagne, de 18 à 20 lignes de longueur, suffit pour isoler parfaitement une balle de sureau de 5 à 6 lignes de diamètre. On s'assure de ce fait en constatant que la boule soutenue par plusieurs de ces cylindres au lieu d'un seul, ne perd pas plus d'électricité; quoiqu'il dût nécessairement en être ainsi si l'isolement n'était pas complet. Coulomb s'assura de même que lorsque l'air était très-sec, un fil de soie très-fin passé dans la cire d'Espagne bouillante, et ne formant ensuite qu'un petit cylindre, tout au plus d'un quart de ligne de diamètre, remplissait le même objet, pourvu que l'on donnât à ce fil une longueur de 5 à 6 pouces. Un fil de verre, de même longueur, n'isole la balle que dans les jours très-secs, et lorsque la charge est très-faible. Il en est de même d'un cheveu ou d'un fil de soie, à moins qu'ils ne soient enduits de cire d'Espagne, ou mieux encore de gomme laque pure.

156. Cela posé, voici comment Coulomb a recherché la loi de la déperdition par le contact de l'air. Il souda la boule fixe de la balance à l'extrémité d'un fil de gomme laque de 20 lignes de longueur, et il termina la suspension par un fil de soie très-fin enduit de cire d'Espagne, en sorte qu'il pouvait considérer cette boule comme parfaitement isolée. La boule mobile l'était également puisque l'aiguille qui la porte est aussi un cylindre très-fin de gomme laque. Le micromètre étant au zéro sans torsion du fil, et les deux boules en contact, on les touche avec une tête d'épingle électrisée; la répulsion chasse la boule mobile, qui, après quelques oscillations se fixe à une certaine distance. On tord alors le fil de suspension, de manière à ramener les deux boules à une distance moindre : soient a cette nouvelle distance et A l'angle total de torsion. On abandonne l'expérience à elle-même, et au bout d'un certain temps on observe l'écart des deux boules. Celui-ci a diminué; mais en diminuant la torsion on peut le ramener à sa valeur primitive. Soit A′ le nouvel angle de torsion, A — A′ mesure la diminution de force pendant le temps t. Si ce temps est assez court, on pourra prendre $\dfrac{A - A'}{t}$ pour la diminution pendant l'unité du temps.

Enfin si l'on suppose que pendant la durée de l'expérience la charge a été constante et mesurée proportionellement par $\dfrac{A + A'}{2}$;

$\dfrac{2\,(A - A')}{t\,(A + A')} = \mu$ représente la perte proportionnelle pendant l'unité de temps. En répétant plusieurs fois la même expérience dans les mêmes circonstances, on trouve la même valeur pour μ ; celle-ci change d'ailleurs avec l'état hygrométrique de l'air.

On est donc conduit à ce résultat que la déperdition de force répulsive, ou ce qui est la même chose, la déperdition d'électricité pendant un temps très-court, est proportionnelle à l'intensité actuelle de la charge. Si on désigne par A_0 l'angle initial de torsion et A_t la torsion au bout du temps t, on devra avoir d'après la loi précédente

$$[1] \quad A_t = A_0\,m^{-t} \; (^1)$$

d'où :
$$[2] \quad \mathrm{Log}\,A_t = \mathrm{Log}\,A_0 - t\,\mathrm{Log}\,m$$

Or, on peut déduire de l'équation [1] la valeur de μ, il suffit de chercher la diminution de torsion pendant l'unité de temps, en

---

(^{1}) Si, en effet, on désigne par A_0, A_1... A_t, les torsions successives après des intervalles de temps égaux à θ et en nombre n, de façon que $t = n\theta$, on aura, d'après les observations mêmes de Coulomb :

$$A_0 - A_1 = K\theta\,\frac{A_0 + A_1}{2}$$

$$A_1 - A_2 = K\theta\,\frac{A_1 + A_2}{2}$$
$$\vdots$$

d'où on déduit :

$$A_0\left(1 - \frac{K\theta}{2}\right) = A_1\left(1 + \frac{K\theta}{2}\right)$$

$$A_1\left(1 - \frac{K\theta}{2}\right) = A_2\left(1 + \frac{K\theta}{2}\right)$$
$$\vdots$$

Multipliant membre à membre et supprimant les facteurs communs :

$$A\left(1 - \frac{K\theta}{2}\right)^n = A_t\left(1 + \frac{K\theta}{2}\right)^n$$

d'où :
$$A_t = A_0\,B^t$$

B étant un facteur constant égal à la limite de $\left(\dfrac{1 - \dfrac{K\theta}{2}}{1 + \dfrac{K\theta}{2}}\right)^{\frac{1}{\theta}}$.

supposant la charge constante, ce qui n'est autre chose que la dérivée de A_t par rapport à t, prise en signe contraire, c'est-à-dire

$$A_0 \, m \, -^t \, l. \, m = A_t \, l. \, m.$$

Si on suppose la charge égale à l'unité, cette expression devient la valeur même de μ; on a donc

$$\mu = l. \, m.$$

Mais d'ailleurs

$$\text{Log } m = l. \, m. \text{ Log } e = \mu \times \frac{1}{M}$$

M désignant le module des tables, égal à 2,302585. Mettant cette valeur de Log m dans l'équation [2], celle-ci devient

$$[3] \quad \text{Log } A_t = \text{Log } A_0 - \frac{\mu \, t}{M}.$$

157. Sous cette forme il est facile de comparer la formule avec l'observation, et de vérifier par conséquent l'exactitude de la loi énoncée. Nous allons prendre pour cela les données numériques de l'une des expériences de Coulomb. Dans cette expérience, la torsion primitive était de 150°, la déperdition de $\frac{1}{41}$ par minute; cherchons quelle devait être la torsion au bout de 45'. Dans ce cas,

$$A_0 = 150° \quad \mu = \frac{1}{41} \quad t = 45$$

D'où

$$\frac{\mu}{M} = \frac{1}{41 \cdot 2,302585} = 0,0105925$$

$$\frac{\mu t}{M} = 0,4766625 \quad \text{Log } A_0 = 2,1760913$$

La formule (3) donne donc

$$\text{Log } A_t = 2,1760913 - 0,4766625 = 1,6994288$$

d'où $A_t = 50°, 3', 10''$: or, l'observation directe donne 50°; la différence peut évidemment être attribuée aux erreurs inévitables d'observation, de sorte que la loi peut être considérée comme suffisamment vérifiée.

158. Cette loi se rapporte à la force de torsion, qui, pour un même écart angulaire des deux boules, peut servir de mesure à la force répulsive; elle s'applique donc aussi à cette force, de sorte que si F_t et F_o représentent son intensité à l'unité de distance, on doit avoir :

$$\text{Log}\, F_t = \text{Log}\, F_o - \frac{\mu t}{M} \quad [4].$$

159. La formule précédente donne la loi de la force répulsive totale; il est facile de faire voir qu'elle s'applique également à la déperdition de force répulsive, pour chacune des boules en particulier. En effet, on a vu dans le chapitre précédent que

$$F_t = KR_t R'_t \quad F_o = KR_o R'_o$$

Mais dans les expériences de Coulomb les deux boules étaient égales et on les électrisait simultanément, de sorte que l'on a

$$F_t = KR_t^2 \quad F_o = KR_o^2$$

Par suite la formule [4] devient

$$[5] \quad \text{Log}\, R_t = \text{Log}\, R_o - \frac{\mu t}{2M}$$

ce qui n'est autre chose que l'expression de la même loi, avec une valeur différente du coefficient μ.

Soient actuellement deux boules inégales; R_o, R'_o et R_t, R'_t, les charges de chacune d'elles aux temps o et t, la formule [5] donnera la loi de la déperdition pour chaque boule prise séparément, on aura donc :

$$\text{Log}\, R_t = \text{Log}\, R_o - \frac{\mu t}{2M}$$

$$\text{Log}\, R'_t = \text{Log}\, R'_o - \frac{\mu t}{2M}$$

d'où en ajoutant ces deux égalités :

$$\text{Log}\, R_t R'_t = \text{Log}\, R^o R'_o = \frac{\mu t}{M}$$

ou bien

$$\text{Log}\, F_t = \text{Log}\, F_o - \frac{\mu t}{M}.$$

On voit donc que la loi de la déperdition totale, dans le cas de deux boules inégales, est absolument la même que dans le cas de deux boules égales. On remarquera en outre que c'est la même loi que celle qui a été donnée par Newton pour la déperdition de la chaleur.

On a remarqué encore, mais ce point aurait besoin d'être éclairci par de nouvelles expériences, que la déperdition est indépendante de la nature du corps, et par conséquent que tous les corps sont également propres à déterminer le coefficient de déperdition μ. Toutefois ces corps ne doivent présenter aucune partie anguleuse, car lorsque les corps présentent cette particularité, l'électricité se distribue sur eux et se perd suivant des lois particulières que nous indiquerons plus tard.

160. La loi de la déperdition par le contact de l'air étant connue, Coulomb entreprit d'autres expériences dans le but de déterminer la perte due aux supports.

Il suspendit pour cela la boule fixe, non plus à une aiguille en gomme laque, mais à un fil de soie d'un seul brin, tel qu'il sort du cocon, la boule mobile étant toujours complétement isolée; puis il calcula, comme dans les expériences précédentes, la déperdition totale due à la fois à l'imperfection de l'isolement et au contact de l'air. La loi relative à cette dernière cause étant connue, on pouvait en déduire l'effet propre, et le retrancher de l'effet total; la différence était uniquement due à la perte par le fil de soie. Or, en consultant les tableaux où Coulomb a consigné les résultats de ses expériences, on trouve que la déperdition, d'abord beaucoup plus rapide que par l'air seul, se ralentit graduellement; de sorte qu'il arrive un instant où la balle soutenue par le fil de soie, perd précisément autant que lorsqu'elle était isolée d'une manière parfaite; et cette propriété se conserve pour toutes les charges plus faibles. D'ailleurs plus la perte par l'air est forte, plus l'est aussi celle par les supports.

Il résulte en outre des expériences de Coulomb que, pour des supports cylindriques très-fins dont la faculté isolante est imparfaite, la charge électrique pour laquelle ils commencent à isoler parfaitement, est, toutes choses égales d'ailleurs, proportionelle à la racine carrée de leur longueur.

Voici comment on a pu reconnaître cette loi. On a généralement à l'unité de distance :

$$F_t = KR_t R'_t \qquad F_o = KR_o R'_o$$

d'où
$$\text{Log } \frac{F_t}{F_o} = \text{Log } \frac{R_t}{R_o} + \text{Log } \frac{R'_t}{R'_o}$$

mais la boule mobile étant parfaitement isolée, il s'ensuit que :

$$\text{Log } \frac{R_t}{R_o} = - \frac{\mu t}{2M}$$

et par conséquent :

$$\text{Log } \frac{F_t}{F_o} = \text{Log } \frac{R'_t}{R'_o} - \frac{\mu t}{2M}$$

Or, si A_t et A_o désignent les angles de torsions qui maintiennent les boules à la même distance, aux époques o et t, on aura :

$$\frac{A_t}{A_o} = \frac{F_t}{F_o}$$

d'où
$$\text{Log } \frac{R'_t}{R'_o} = \text{Log } \frac{A_t}{A_o} + \frac{\mu t}{2M}$$

Cette formule fait connaître le rapport de la charge de la boule imparfaitement isolée, à la charge primitive, soit f la valeur de ce rapport, on aura :

$$R'_t = fR'_o.$$

Or, $F_o = KR_o R'_o$ et les deux boules étant égales et simultanément électrisées, $F_o = KR'_o{}^2$,

d'où :
$$R'_o = \sqrt{\frac{F_o}{K}}.$$

D'ailleurs, n désignant la force de torsion par un angle égal à 1°,

$F_o = nA_o$, donc $R'_o = \sqrt{\dfrac{nA_o}{K}}$, et par suite :

$$R'_t = f.\sqrt{\frac{n}{K}} . \sqrt{A_o}$$

Si l'on suppose que dans cette formule, t désigne le temps au

bout duquel ce support isole parfaitement, on pourra calculer le
second membre de l'équation précédente, à l'exception du facteur
$\sqrt{\dfrac{n}{K}}$. En répétant la même expérience, pour un support analogue, mais quatre fois plus petit, on trouvera pour R'_t, une valeur
moitié de la précédente. C'est précisément la loi que nous avons
énoncée plus haut.

CHAPITRE XXVII

Lois de la distribution de l'électricité à la surface des corps conducteurs.

161. Les molécules de fluide électrique se trouvant dans un
état permanent de répulsion, il est naturel de penser qu'elles ne
séjourneront point dans l'intérieur du corps, et qu'elles viendront
jusqu'à la surface, où elles seront maintenues par la pression ou
le défaut de conductibilité de l'air. On est donc conduit à penser
que l'électricité se porte seulement à la surface des corps conducteurs. C'est ce qui résulte d'ailleurs de nombreuses expériences de
Coulomb, dans lesquelles il a constaté qu'en touchant une boule
électrisée et isolée, avec une autre boule d'un même diamètre,
l'électricité se partageait également entre les deux, que la dernière
fût vide ou pleine, et quelle que fût aussi sa nature.

162. On peut démontrer aussi ce fait à l'aide des expériences
suivantes :

1° On prend une sphère métallique A (fig. 120), isolée et électrisée, et on l'enveloppe de deux hémisphères B, qui la recouvrent
exactement, et qui sont soutenus par des manches isolants. Lorsqu'on les enlève, on ne trouve plus aucune trace d'électricité sur
la sphère, tandis que les hémisphères sont au contraire électrisés.

2° On électrise une sphère creuse (fig. 121), présentant une
petite ouverture en O, puis on touche sa surface intérieure avec
un petit disque de papier doré, soutenu par une aiguille en gomme
laque (plan d'épreuve), et on constate qu'il n'emporte aucune

trace d'électricité, tandis qu'il s'électrise quand on touche la surface extérieure.

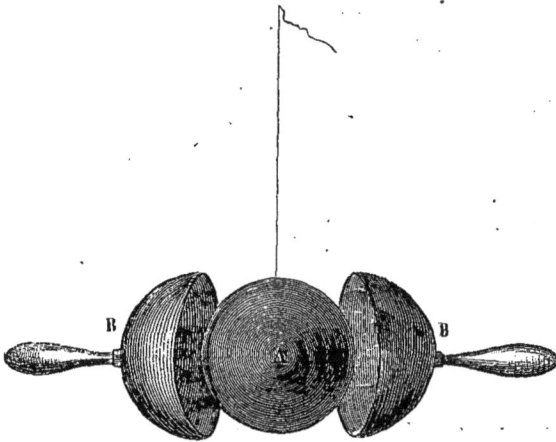

Fig. 120.   Fig. 121.

163. Il résulte de ces différents faits, que l'électricité forme,
sur les corps conducteurs, une couche, dont la surface extérieure
coïncide avec celle du corps ; la surface intérieure en étant d'ailleurs extrêmement rapprochée. Les deux surfaces ne doivent pas
être considérées comme généralement concentriques, c'est-à-dire
que l'épaisseur de la couche électrique peut être variable d'un
point à l'autre. On a cherché à déterminer la loi de la distribution
du fluide électrique à la surface de corps de formes différentes.
Cette question a été traitée par deux méthodes différentes. Poisson
l'a soumise à l'analyse, en se fondant sur l'attraction et la répulsion des fluides électriques, en raison inverse du carré de la distance. Le point de départ du calcul, c'est que la résultante de
toutes les actions que la couche électrique exerce sur une particule de fluide naturel, située dans l'intérieur du corps, soit égale
à 0. On trouve ainsi que généralement la couche intérieure de
l'électricité affecte une forme différente de la surface du corps. Ces
deux surfaces ne sont semblables que dans le cas où le corps conducteur est une sphère ou un ellipsoïde, de sorte que la surface

formée par la couche intérieure est une sphère ou une ellipsoïde concentrique au corps. On démontre, en effet aisément, que la résultante des attractions d'une enveloppe matérielle sphérique ou ellipsoïdale, sur un point intérieur est nulle (43). Or, la loi de l'attraction des particules matérielles étant la même que celle de l'attraction ou de la répulsion des molécules électriques, le théorème est vrai aussi dans le cas d'une enveloppe formée par du fluide électrique.

164. Dans le cas de deux ou plusieurs corps conducteurs en contact, la résultante des actions des couches électriques qui les recouvrent sur un point quelconque pris dans l'intérieur d'un de ces corps, doit être nulle. Ce principe fournit généralement autant d'équations que l'on considère de corps ; mais la résolution de ces équations n'est pas généralement possible, et ce n'est que dans le cas de deux sphères qu'elle a pu être effectuée d'une manière complète.

165. Coulomb s'est occupé avec un très-grand succès de la même question qu'il a traitée par la méthode expérimentale du *plan d'épreuve*. Supposons que l'on applique le disque du plan sur la surface d'un corps conducteur, il pourra être regardé comme se confondant avec l'élément touché, de sorte que lorsqu'on l'enlèvera, l'effet sera le même que si l'on découpait un élément de la surface du corps. Le plan d'épreuve emportera donc toute l'électricité de l'élément touché, et cette électricité se répandra également sur ces deux faces. Si donc on touche le corps conducteur en plusieurs points de sa surface, les quantités d'électricité emportées par le plan d'épreuve seront proportionnelles à celles qui existent sur le corps. Toutefois, le contact du disque ne se faisant pas toujours de la même façon, il peut rester quelque incertitude sur la conclusion précédente : on peut la justifier *a posteriori* par une expérience bien simple. Après avoir touché une sphère électrisée avec le plan d'épreuve, on porte ce dernier à la place de la boule fixe dans la balance de torsion, la boule mobile étant préalablement électrisée de la même manière. On mesure la torsion A nécessaire pour maintenir une distance angulaire a. On répète en-

suite la même expérience, après avoir touché la sphère électrisée,
avec une sphère égale, et on trouve que pour maintenir la boule
mobile de la balance de torsion à la même distance a, il ne faut
plus qu'une torsion égale a $\frac{A}{2}$. Les quantités d'électricité emportées par le plan d'épreuve sont donc proportionnelles à celles qui
existent aux points touchés dans les deux circonstances.

166. Voici maintenant la manière d'expérimenter. Supposons
qu'il s'agisse de comparer les charges électriques en deux points m
et n. On touchera le point m avec le plan d'épreuve que l'on por-
tera à la balance de torsion. Soit A la torsion pour une distance
des deux boules égale à a. On touche ensuite le point n; soit A′
la torsion pour la même distance. Puis, au bout d'un temps égal
à celui qui sépare les deux premières expériences, on touche de
nouveau le point m, soit A″ la force de torsion correspondante.
Par suite de la déperdition due au contact de l'air, le rapport des
charges en m et n est un peu plus faible que $\frac{A}{A'}$; par la même
raison il est un peu plus fort que $\frac{A''}{A'}$; on aura donc une valeur
sensiblement exacte de ce rapport en prenant la moyenne $\frac{A+A''}{2A'}$.

En répétant cette expérience, pour les différents points du corps,
on connaîtra la distribution des charges électriques sur sa surface.

167. C'est par cette méthode que Coulomb est arrivé aux résultats suivants, tout à fait conformes à ceux trouvés plus tard par
Poisson :

1° *Sphère*. La charge électrique est la même sur tous les points
de la surface.

2° *Ellipsoïde*. La charge électrique est *maxima* à l'extrémité
du grand axe, *minima* à l'extrémité du petit; résultat conforme
à ce qui a été dit précédemment.

3° *Cylindre terminé par deux hémisphères*. La charge *minima*
au milieu reste sensiblement la même jusqu'à une petite distance
des extrémités, à partir de laquelle elle croît assez rapidement. Le

rapport entre la charge de l'extrémité et celle du milieu est d'autant plus grand d'ailleurs que le rayon du cylindre est plus petit.

4° *Sphères en contact.* Dans le cas de sphères égales, la charge nulle au point de contact et insensible jusqu'à 20° de ce point, croît très-rapidement de 30° à 60°, moins rapidement de 60° à 90°, et d'une manière présque insensible de 90° à 180. Lorsque les sphères sont inégales, la charge en un point quelconque de la petite est plus forte que celle du point semblable de la grande. Ce rapport est égal à 1.25, lorque l'une des sphères a un rayon double de celui de l'autre.

Pouvoir des pointes. Une pointe peut être considérée, soit comme l'extrémité d'un cylindre dont le rayon est extrêmement petit, soit comme l'extrémité d'une série de sphères dont les rayons vont en diminuant. Dans les deux cas on voit que la charge électrique devrait être excessivement considérable. Mais la résistance de l'air étant limitée en réalité, l'électricité s'écoule par la pointe, et la charge électrique se perd très-rapidement. Aussi peut-on remarquer que tous les appareils électriques se terminent par des boules ou des parties arrondies.

CHAPITRE XXVIII

Électrisation par influence. — Explication des attractions et répulsions électriques. — Étincelles. — Électrophore. — Électroscopes.

168. Le frottement ou la communication directe avec les corps électrisés ne sont pas les seuls moyens par lesquels un corps puisse s'électriser : souvent la présence, même à une distance assez grande d'un corps électrisé, suffit pour produire cet effet. Voici les phénomènes fondamentaux de l'électricité par influence.

Si dans le voisinage d'un corps conducteur isolé et électrisé *d* (fig. 122), on place un autre corps aussi conducteur et isolé, mais non électrisé et le long duquel on a disposé des pendules formés par des fils de lin et des boules en moelle de sureau supportés par

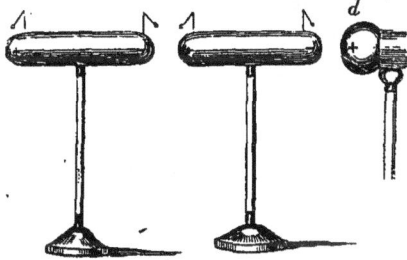

Fig. 122.

des tiges conductrices, on remarque :

1° Que les pendules divergent sur toute l'étendue du corps; la divergence maximum vers les extrémités décroît vers le milieu, où se trouve une ligne sur laquelle elle est nulle.

2o Les électricités développées sur les deux moitiés du cylindre sont de nature contraire, ce dont on peut s'assurer facilement en touchant successivement l'une et l'autre avec un plan d'épreuve que l'on approche ensuite d'un pendule électrique préalablement électrisé.

3o Si l'on rapproche les deux corps, la divergence des pendules augmente; si on les éloigne, elle diminue.

4o Tout signe d'électricité disparaît dès que l'on enlève le corps d.

5o Si l'on met le corps soumis à l'influence en communication avec le sol, par un point quelconque de sa surface, et qu'après avoir supprimé cette communication on enlève le corps d, le premier demeure chargé d'électricité contraire à celle du corps influent.

169. On explique très-simplement ces différents phénomènes dans l'hypothèse des deux fluides. En effet, l'électricité de d, que nous supposerons positive, décompose à distance l'électricité naturelle du corps voisin, attire le fluide de nom contraire dans la partie la plus voisine, et repousse le fluide de même nom. Ces deux fluides se trouvent donc sur deux régions opposées du cylindre, séparées par une ligne neutre; mais, comme l'attraction se fait à une distance plus petite, et par suite avec une plus grande intensité, la ligne neutre se trouvera beaucoup plus rapprochée de l'extrémité voisine de d, que de l'extrémité opposée. Si l'on

touche le corps en un point quelconque de sa surface, il arrive du
sol du fluide de nom contraire à celui qui est repoussé et qui le
neutralise; après le contact, le corps ne doit donc contenir que de
l'électricité de nature contraire à celle du corps *d*.

170. Si l'on approche les deux corps à une distance trop
petite, il se produit entre eux une étincelle électrique. Ce phénomène se produit toutes les fois qu'on approche d'un corps conducteur électrisé un autre corps conducteur. C'est le fait primitif
que nous avons indiqué, comme propriété caractéristique des
corps électrisés. On admet que l'étincelle est le résultat de la réunion des deux fluides de nom contraire. Quand elle se produit
entre deux corps, il en résulte au moment de sa formation un
mouvement brusque des fluides électriques dans leur intérieur,
qui donne lieu à divers phénomènes dont nous parlerons plus
loin. Si, par exemple, l'un deux est le corps d'un animal, celui-ci
éprouve une commotion.

171. Les phénomènes primitifs d'attraction et de répulsion, dont
nous avons donné les lois, dépendent du développement d'électricité par influence.

1° Si l'on approche un corps électrisé d'un corps léger isolé et
préalablement électrisé, les fluides s'attirent ou se repoussent, suivant qu'ils sont de nom contraire ou de même nom; mais comme
ils sont retenus à la surface des corps par la présence de l'air, leur
attraction ou leur répulsion détermine celle des corps, si toutefois
la masse de ces derniers n'est pas trop considérable.

2° Si le corps léger, supposé toujours isolé, est à l'état naturel,
son électricité neutre est décomposée, et les fluides se disposent sur
lui, suivant les règles de la décomposition par influence. On a
donc une force attractive entre les fluides de nom contraire, et une
force répulsive entre les fluides de même nom; mais cette dernière, agissant à une distance plus grande, sera moindre que la
première, et par conséquent il y aura attraction. Il importe de
remarquer que cette décomposition par influence se produit toujours, même quand le corps léger est préalablement électrisé, d'où
il résulte qu'il y a toujours une force attractive qui peut devenir

prédominante, si le corps agissant est fortement électrisé, ou si
on l'approche brusquement à une petite distance; ce qui revient
au même.

3° Si le corps léger communique avec le sol, le fluide repoussé
disparaissant dans le réservoir commun, l'attraction sera plus marquée, puisqu'elle ne sera combattue par aucune force répulsive.

4° Si on faisait agir un corps électrisé sur des corps absolument
mauvais conducteurs et à l'état naturel, le mouvement des fluides
ne pouvant se produire dans leur intérieur, il n'y aurait pas d'action; mais, comme tous les corps ont un certain degré de conductibilité, on observe toujours une attraction qui est seulement
moins marquée. Si enfin les corps mauvais conducteurs étaient
électrisés, il y aurait attraction ou répulsion, suivant la nature de
leur électricité.

172. *Électrophore.* Cet appareil, destiné à fournir de petites
quantités d'électricité et pouvant dans beaucoup de circonstances
remplacer la machine électrique, est fondé entièrement sur le
développement de l'électricité par influence. Il se compose (fig. 123)
d'un disque de résine G coulé dans un moule en
bois, sur lequel on place un plateau conducteur
D soutenu par un manche isolant. On frotte le
disque de résine avec une étoffe de laine, ou
une peau de chat, ce qui lui donne l'électricité
négative. On pose ensuite au-dessus le plateau D; son électricité naturelle est décomposée, et si on le met en communication avec
le sol, par exemple, en le touchant avec le
doigt, l'électricité négative disparaît, et en
soulevant le plateau par son manche isolant,

Fig. 123.

on le trouve chargé d'électricité positive et on peut en tirer une
étincelle. Le disque de résine ne perdant que très-lentement son
électricité, on peut répéter cette expérience un grand nombre de
fois.

173. *Électroscope.* L'électroscope est un instrument destiné
à constater qu'un corps est électrisé, et à déterminer la nature de

son électricité. Il se compose (fig. 124) d'une cloche en verre A,
reposant sur un plateau métallique. A la
partie supérieure se trouve une ouverture
traversée par une tige métallique, qui se
termine extérieurement par un bouton B,
et supporte dans l'intérieur deux corps
légers, ordinairement deux feuilles d'or,
deux pailles, ou deux fils de lin portant
des balles en moelle de sureau. La tige
métallique est soigneusement isolée des
parties qu'elle touche par un tube de verre
ou par de la cire à cacheter; en outre, la
partie supérieure de la cloche est couverte

Fig. 124.

d'un vernis isolant. Si l'on approche un corps électrisé C de la
partie supérieure de l'instrument, l'électricité naturelle de la tige
sera décomposée, et le fluide repoussé fera diverger les pailles. Afin
de reconnaître la nature de l'électricité du corps, on touche le bouton pendant qu'il est soumis à l'influence; l'électricité repoussée
disparaît et les feuilles retombent dans la verticale; mais si on
enlève *d'abord le doigt*, et puis le corps, l'instrument reste chargé
d'électricité attirée, et les feuilles divergent de nouveau. Il suffit
alors d'approcher graduellement un corps électrisé d'une façon
connue, par exemple un tube de verre frotté avec de la laine; suivant que la divergence augmente ou diminue, on en conclut que
les feuilles sont électrisées positivement ou négativement, et par
suite que le corps l'était négativement ou positivement. Dans le cas
où la divergence serait très-forte, les feuilles pourraient venir
adhérer au verre, d'où il serait difficile de les détacher sans en provoquer la rupture. On évite cet inconvénient en disposant deux
petits poteaux métalliques qui sont en communication avec le sol,
de façon que si les feuilles viennent les toucher elles perdent leur
électricité et retombent immédiatement dans la verticale. Pour atténuer la déperdition de l'électricité par le contact de l'air, on dessèche celui-ci, en faisant séjourner sous la cloche des substances
desséchantes, telles que de la chaux ou du chlorure de calcium.

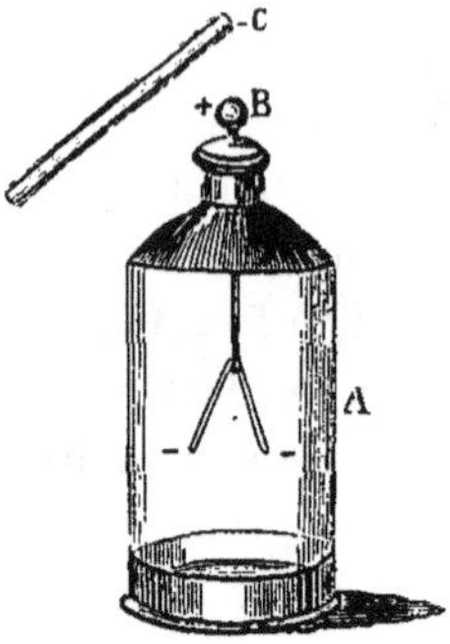

CHAPITRE XXIX

Machine électrique. — Machine de Van Marum. — Machine de Nairne. — Machine
d'Armstrong. — Expériences diverses.

174. La machine électrique ordinaire se compose (fig. 125)
d'un plateau de verre, de forme circulaire, traversé par un axe
qui se termine par une manivelle : cet axe repose en deux points,

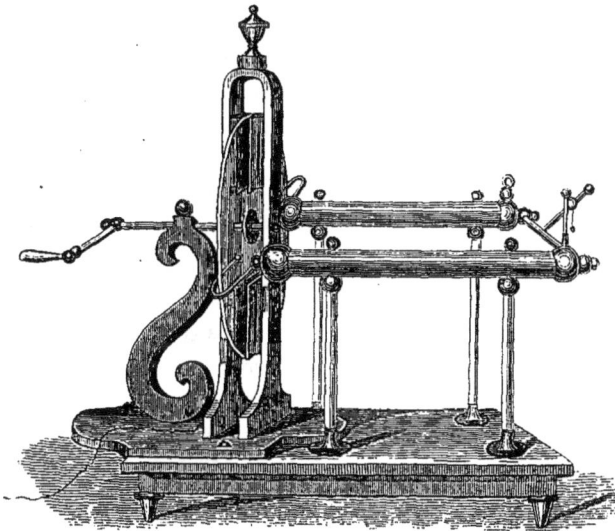

Fig. 125.

sur deux montants en bois, entre lesquels, et à égale distance,
tourne le plateau. Quatre coussins sont placés, deux à la partie
supérieure, deux à la partie inférieure, et disposés de façon que
le plateau passe entre eux avec un frottement assez marqué pour
développer de l'électricité. Ces coussins sont en cuir rembourré
avec du crin; mais on favorise le développement d'électricité, en
enduisant leur surface d'or mussif (deutosulfure d'étain), ou, d'un
amalgame de zinc et d'étain.

En face du plateau, sont disposés des conducteurs métalliques, soutenus par des pieds de verre, et se terminant par deux arcs métalliques, qui embrassent le plateau aux deux extrémités d'un même diamètre horizontal; l'intérieur de ces arcs est garni de pointes. Le plateau, par son frottement contre les coussins, se charge d'électricité positive; cette électricité agissant par influence sur l'électricité des conducteurs, la décompose en électricité positive qui demeure sur leur surface, et en électricité négative, qui, s'écoulant par les pointes, va remettre le plateau à l'état naturel. Mais celui-ci s'électrise de nouveau entre les deux autres coussins, et ainsi de suite; de sorte que si l'on continue à tourner le plateau, les conducteurs restent constamment chargés d'électricité positive. . Si l'on cesse de tourner, l'électricité positive elle-même s'écoule par les pointes, et disparaît rapidement. Pour éviter la déperdition de l'électricité, dans le trajet des coussins aux arcs métalliques, on dispose, sur le plateau, des secteurs en taffetas gommé, sur la portion qui suit les coussins, dans le sens ordinaire du mouvement. Le plateau de verre se chargeant d'électricité positive, les coussins s'électrisent négativement; il est important que cette électricité négative disparaisse, car elle agirait sur les conducteurs en sens inverse de l'action du plateau; c'est pour cela que les coussins sont, par l'intermédiaire d'une languette métallique et d'une chaîne, mis en communication avec le sol. La forme des conducteurs peut varier d'une machine à l'autre. Lorsque l'on veut obtenir des étincelles très-fortes, on met en communication avec eux des conducteurs secondaires, qui sont en général des cylindres, d'une grande longueur par rapport à leur diamètre. On peut ainsi, avec de puissantes machines, obtenir des étincelles d'un mètre de longueur et dont l'effet physiologique est vraiment redoutable. On place ordinairement sur la machine électrique, comme on le voit sur la figure, un électroscope à cadran, formé d'une tige conductrice, portant un cadran d'ivoire, sur lequel se meut un petit pendule à balle de sureau. Les mouvements divers de ce petit appareil, accusent la marche même de la machine et le degré de tension de l'électricité des conducteurs. L'électroscope à cadran est surtout utile dans la charge des batteries.

175. *Machine de Van Marum.* La machine que nous venons de décrire ne fournit que de l'électricité positive. Si l'on veut avoir de l'électricité négative, il faut isoler les frottoirs, et les mettre en communication avec un conducteur métallique. C'est ce qui a lieu dans la machine de Van Marum. Un conducteur unique est mis en communication, tantôt avec les frottoirs, tantôt avec le plateau ; dans le premier cas, on décharge le plateau par un arc conducteur, en contact avec le sol ; dans le second cas, ce même arc, tourné d'une manière différente, décharge les frottoirs.

176. *Machine de Nairne.* On peut avoir simultanément de l'électricité positive et négative avec la machine de Nairne. Elle se compose (fig. 126) d'un cylindre de verre A, allongé à ses deux ex-

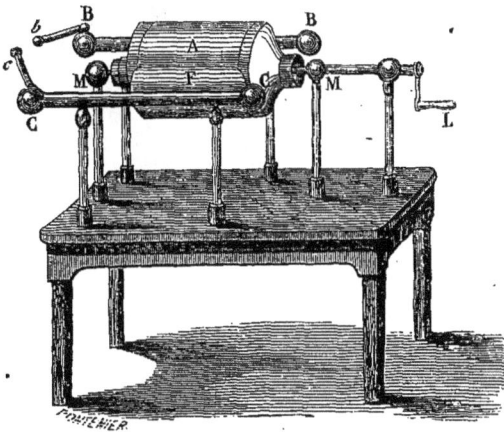

Fig. 126.

trémités, et se terminant par deux parties métalliques, qui servent d'axe autour duquel on peut le faire tourner, à l'aide de la manivelle L. Deux conducteurs métalliques, BB, CC, sont placés de part et d'autre du cylindre de verre, et sont munis, l'un d'un frottoir F, l'autre de pointes métalliques. Il résulte de là que pendant la rotation, le premier se chargera d'électricité de même nature que celle du corps frotté, c'est-à-dire d'électricité positive ; le conducteur C, au contraire, se chargera d'électricité négative. Deux petits conducteurs

mobiles *b* et *c* peuvent être placés à une petite distance l'un de l'autre, de façon que des étincelles jaillissent continuellement entre les
deux. Si une communication continue avait lieu entre les deux conducteurs, à l'aide d'un fil, celui-ci serait le siége d'une recomposition
continuelle des deux fluides, d'une sorte de courant électrique.

. **177.** C'est surtout à l'aide de la machine d'Armstrong, qu'on
peut obtenir de puissantes étincelles électriques , et surtout déterminer par la réunion des électricités de nom contraire, un phénomène analogue au courant proprement dit. Elle se compose
(fig. 127) d'une chaudière tubulaire A, analogue à celle d'une
locomotive, portée par des
pieds de verre. La vapeur,
avant de s'échapper, passe
à l'aide des tubes *t*, dans
une boîte B, appelée con-
denseur, et dans laquelle,
en effet, le refroidissement
dû à l'air extérieur, détermine une liquéfaction par-
tielle. On a reconnu que
c'était là une condition indispensable; car le frottement de la vapeur absolu-
ment *sèche*, ne développe
pas d'électricité. Le mélange de vapeur et d'eau s'échappe par les
tubes *t'* contournés intérieurement et rencontre les peignes métallique P, qui font partie d'un conducteur métallique M, supporté par
des pieds de verre. Dans ces circonstances, le conducteur se charge
d'électricité positive, la chaudière d'électricité négative. En les réunissant, à l'aide d'un fil conducteur, on peut constater facilement,
que ce fil est traversé par un courant électrique. On reconnaît de
plus, que ce courant est d'autant plus marqué, que les peignes sont
plus rapprochés des ajutages par lesquels sort la vapeur; mais dans
ce cas les étincelles sont de plus en plus courtes. Avec une chaudière
de 2^m,45 de longueur, on peut avoir des étincelles de près de 1^m.

Fig. 127.

178. On peut faire avec la machine électrique diverses expériences qui sont décrites avec beaucoup de soin dans les anciens traités de physique; nous en rapporterons seulement quelques-unes.

1° *Carillon électrique.* — Il est formé par une tige métallique (fig. 128), à laquelle sont suspendus trois timbres D,B,O; l'un B par un fil isolant, les deux autres par des fils conducteurs. Entre les timbres sont suspendues par des fils non conducteurs, deux petites sphères métalliques. Si l'on met la tige en communication avec la machine, et le timbre intermédiaire B avec le sol, on voit évidemment que les pendules attirés d'abord par les timbres extrêmes, seront après le contact, repoussés vers le timbre intermédiaire, où ils passeront à l'état naturel; qu'alors ils seront de nouveau attirés et ainsi de suite.

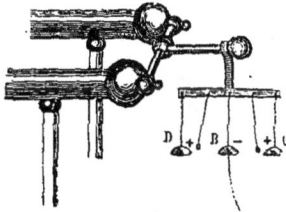
Fig. 128.

2° *Tourniquet électrique.* Il se compose (fig. 129) de tiges métalliques de même longueur, fixées à une petite pièce centrale, par l'une de leurs extrémités, et recourbées à l'autre en pointe et dans le même sens. Si l'on place cet appareil muni d'un petit pivot sur la machine électrique, comme le montre la figure, on lui voit prendre un mouvement de rotation, en sens contraire de la direction des pointes. On explique ce fait en supposant que le fluide électrique qui s'écoule par les pointes, repousse celui qui reste à la surface de l'appareil.

Fig. 129.

3° *Influence de l'électricité sur l'écoulement des liquides.* — On suspend à la machine électrique un vase contenant un liquide, et muni d'ajutages capillaires. Lorsque l'appareil n'est pas électrisé, le liquide s'écoule goutte à goutte; mais lorsqu'on tourne

le plateau de la machine, on voit se former à l'extrémité des ajutages un filet continu de liquide : on remarque toutefois que la
dépense est la même dans les deux cas.

4° *Carreaux et globes étincelants.* — Ce sont des carreaux
(fig. 130) ou des globes de verre, sur lesquels on a appliqué une
languette de métal, présen-
tant en différents points des
solutions de continuité. L'ensemble de ces interruptions,
peut figurer par exemple un
dessin. Si l'on approche l'une
des extrémités de l'appareil
de la machine électrique, de
manière à provoquer une étincelle, il s'en produit à l'instant une à chacune des solu-

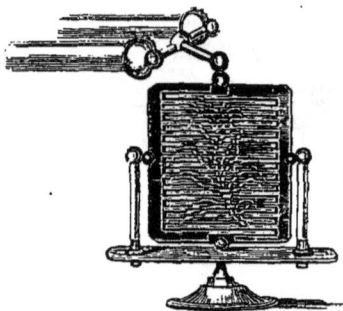

Fig. 130.

tions de continuité, ce qui donne lieu à des apparences qu'on
peut varier de mille manières, et qui intéressaient beaucoup les
premiers électriciens.

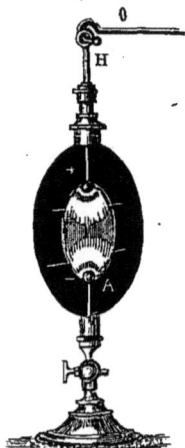

Fig. 131.

5° Lorsque l'étincelle électrique se produit
dans le vide, elle change de caractère; sa
forme sinueuse et étroite disparaît pour faire
place à une lueur dont toutes les dimensions augmentent avec la raréfaction de l'air,
et dont la teinte se rapproche généralement
un peu du violet. On étudie ces phénomènes
à l'aide de l'œuf électrique (fig. 131). C'est
un globe de verre, muni à la partie supérieure d'une garniture métallique, que traverse une tige H terminée à l'intérieur par
une boule. La partie inférieure présente un
robinet qui permet de faire le vide dans l'appareil, et est munie aussi d'une tige terminée
à l'intérieur par une boule A. La tige supé-

rieure peut glisser dans une boîte à cuir, de façon à rapprocher ou éloigner les deux boules. Lorsque le vide est fait, on aperçoit entre ces dernières, une sorte d'œuf lumineux, formé de rayons qui vont en s'arrondissant de l'une à l'autre, et dont le volume est d'autant plus grand que le vide est plus parfait.

CHAPITRE XXX

Condensation de l'électricité. — Électroscope condensateur.

179. On désigne sous le nom de condensateurs des appareils dont le but est d'accumuler des quantités plus ou moins considérables d'électricité. Le condensateur ordinaire est formé de deux plateaux métalliques B et C (fig. 132), séparés par une lame isolante A. Si l'on met le plateau B en communication avec la machine électrique, et le plateau C avec le sol, le premier se chargera d'électricité positive et le second d'électricité négative. De plus, la quantité d'électricité de A sera supérieure à celle qu'il eût prise, s'il eût été simplement mis en communication avec la machine. En effet, dans ce cas, le fluide électrique se serait distribué, sur le conducteur et le plateau, conformément aux lois qui ont été précédemment exposées, de

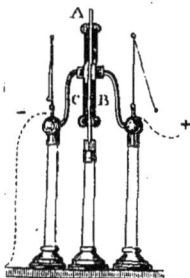
Fig. 132.

façon qu'une molécule *m*, située au contact du plateau et de la machine, fût en équilibre sous l'influence des forces répulsives émanant des molécules environnantes. Si on suppose qu'alors on approche le plateau C, son électricité naturelle sera décomposée en électricité positive qui sera repoussée dans le sol, et en électricité négative qui sera attirée à la partie antérieure du plateau. Celle-ci agissant par voie d'attraction sur le fluide de la machine, on voit que l'équilibre sera troublé ; par conséquent, la molécule *m*, ainsi qu'un certain nombre d'autres, pénètreront dans le plateau B. Cette nouvelle quantité d'électricité, produisant une nouvelle décomposition par influence, le même phénomène se reproduira successivement, et par suite, il y aura accumulation, condensation d'électricité positive dans le plateau B, et d'une quantité correspondante d'électricité négative dans le plateau C. Le premier prend souvent le nom de plateau collecteur, le second de plateau condenseur.

Cette accumulation d'électricité a une limite ; car pour une quantité E d'électricité qui entre dans B, il se produit dans C une quantité d'électricité négative moindre que E. La force répulsive croît donc plus rapidement que la force attractive, par conséquent une molécule telle que m éprouvera un nouvel état d'équilibre. On dit alors que le condensateur est chargé. D'ailleurs, l'accumulation continuant, il arriverait nécessairement un moment où les deux fluides, en vertu de leur attraction mutuelle, se réuniraient en perçant ou tournant la lame isolante. Il importe, dans les appareils, d'éviter que ce phénomène se produise, en donnant aux couches isolantes, une épaisseur en rapport avec la puissance de la source électrique que l'on emploie.

180. Lorsque le condensateur est chargé, les deux fluides ne sont pas distribués de la même manière sur les deux plateaux. En effet, C communiquant avec le sol, il n'y a pas de fluide répandu sur sa face postérieure, qu'on peut considérer comme à l'état naturel ; le plateau B, au contraire, étant en communication avec la machine, présente sur sa surface une couche électrique en continuité avec celle des conducteurs. On peut même admettre, si les dimensions du condensateur ne sont pas considérables, que l'épaisseur de cette couche est la même que si le condensateur n'existait pas. On remarque, en effet, que le pendule de l'électromètre de Henley s'écarte dans les deux cas de la même quantité.

181. Lorsqu'on réunit, à l'aide d'un arc métallique, les plateaux du condensateur, les deux fluides se recombinent en donnant lieu à une vive étincelle. On peut aussi décharger le condensateur d'une autre façon, qu'on appelle la décharge lente, par opposition à la méthode précédente qu'on appelle la décharge instantanée. La communication avec le sol et avec la machine étant supprimée, on touche avec le doigt le plateau B, il se produit une petite étincelle due à l'électricité répandue sur la surface du plateau ; par suite de

ce contact, une portion de l'électricité de C se répand sur la surface, et on peut en tirer une étincelle. Mais alors il se répand sur
la surface de B une nouvelle portion du fluide qu'il contient, ce
qui permet d'en tirer une nouvelle étincelle, et ainsi de suite. On
voit, du reste, que par le contact on n'enlève *qu'une partie* de
l'électricité du plateau ; théoriquement il faudrait donc, pour opérer la décharge complète, un nombre infini de contacts. On peut
rendre sensibles les mouvements des fluides sur les plateaux, en
armant ceux-ci de pendules à balle de sureau ; on voit qu'à chaque
contact le pendule du plateau touché retombe dans la verticale,
tandis que celui de l'autre s'élève.

182. On appelle *pouvoir condensant* d'un condensateur le
rapport entre la quantité d'électricité que possède le plateau collecteur et celle qu'il eût prise s'il eût été simplement mis en communication avec la machine. Le calcul de ce pouvoir rentre dans
la théorie générale de la distribution de l'électricité à la surface
des corps. Il dépend de la forme du condensateur, de son mode de
communication, soit avec la machine, soit avec le sol, etc. Toutefois, dans le cas de plateaux très-minces, et d'une surface assez
considérable, on peut exprimer le pouvoir condensant par une formule très-simple et suffisamment approximative. Soit au moment
de l'équilibre A la quantité totale d'électricité du plateau collecteur B celle du condenseur, on aura, en désignant par m, une
fraction $B = m A$. Si on touche le plateau collecteur, il s'échappera une portion d'électricité, qu'on peut considérer comme égale
à celle α qu'aurait donnée la communication pure et simple avec la
machine. L'électricité du plateau condenseur sera supérieure alors
à celle du plateau collecteur; de plus, si les deux plateaux sont
identiques, comme leur distance n'a pas varié, le rapport des deux
quantités d'électricité sera encore exprimé par m. On aura donc :

$$A - \alpha = mB = m^2A, \quad \text{d'où} \quad \frac{A}{\alpha} = \frac{1}{1 - m^2} \quad [a].$$

On voit que le pouvoir condensant sera d'autant plus grand,
que m sera plus voisin de l'unité, c'est-à-dire que les deux plateaux

seront plus rapprochés. Le pouvoir condensant augmente donc à mesure que l'épaisseur de la couche isolante diminue. Il faut faire à cet égard une remarque importante : si l'on veut utiliser ou rendre sensible l'électricité fournie par une source très-faible, il faudra employer un condensateur très-puissant, c'est-à-dire à lame isolante très-mince. Si, au contraire, on veut produire de très-grands effets, il faudra que la lame isolante soit épaisse pour opposer un obstacle efficace à la réunion des fluides. Il conviendra, dans ce cas, d'employer une source puissante d'électricité et un condensateur à grandes surfaces.

185. La condensation est le phénomène le plus général de l'électricité. Toutes les fois, en effet, qu'on approche un corps conducteur d'un corps électrisé, il en résulte un véritable condensateur dont l'air est là lame isolante. Il n'y a donc pas de différence essentielle entre les faits que nous venons de décrire et les phénomènes généraux de l'électricité par influence.

184. Volta a appliqué le principe du condensateur à l'électroscope d'une manière fort heureuse. L'appareil qu'il a imaginé, et qui a rendu à l'électricité de très-précieux services, se compose (fig. 133) d'un électroscope à feuilles d'or, dont le bouton est remplacé par un plateau, couvert supérieurement d'un vernis isolant. Un second plateau, verni à sa partie inférieure, repose sur le premier, et forme avec lui un condensateur. Si, touchant le plateau inférieur avec le doigt, on met en contact le plateau supérieur avec une source très-faible d'électricité, celle-ci s'accumulera en quantité considérable, relativement à celle de la source; car la lame isolante étant très-mince, le pouvoir condensant est très-grand. Si donc,

Fig. 133.

au bout de quelque temps, on supprime la communication avec le sol, et qu'on enlève le plateau collecteur, les feuilles d'or divergeront par suite du fluide répandu dans l'autre, et qui est de nom contraire à celui de la source. Il est important de remarquer que le condensateur de Volta n'a d'efficacité véritable que

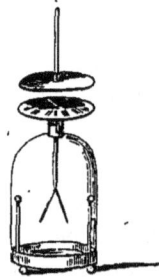

dans le cas d'une *source* électrique ; s'il s'agissait d'un corps simplement électrisé, la quantité d'électricité étant limitée, la condensation serait sans objet et par suite l'électroscope ordinaire
serait aussi avantageux.

185. M. Péclet a augmenté la sensibilité de l'instrument en
y adaptant un troisième plateau comme l'indique la figure 134.

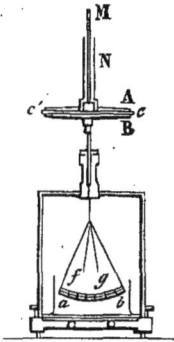

Fig. 134.

Le plateau inférieur B est en communication
métallique avec les feuilles d'or fg et est verni
à sa partie supérieure. Le plateau c est verni
sur ses deux faces, mais non sur ses bords,
non plus que sur l'appendice c'; il est soutenu
par le manche de verre M. Le plateau A est
verni inférieurement et tenu par un manche
creux N de verre, dans lequel passe M ; de telle
façon qu'on peut enlever simultanément les
deux plateaux supérieurs, ou successivement
l'un et l'autre. Les plateaux sont en glace dé-
polie, sur laquelle on a appliqué directement,
en les humectant seulement avec l'haleine,
des feuilles d'or. Voici maintenant la manière d'opérer : on touche
le plateau supérieur avec la source d'électricité, et l'appendice du
second plateau avec le doigt ; on enlève le plateau supérieur, et
on touche le plateau inférieur. On remet alors le plateau supérieur en place et on recommence un certain nombre de fois la
même opération. Puis enfin on soulève à la fois les deux plateaux
à l'aide du manche M, et les feuilles divergent d'autant plus que
le nombre des opérations a été plus grand ; un arc métallique
divisé ab permet de juger de l'écartement des feuilles. La théorie
de l'opération est fort simple : lorsqu'on touche avec la source le
plateau A, et avec le doigt le plateau c, il y a condensation ordinaire, et l'équilibre est en rapport avec l'énergie de la force con-
densante. Lorsqu'on soulève le plateau supérieur et qu'on touche
l'inférieur avec le doigt, on fait naître une force attractive qui
permet d'accumuler une nouvelle quantité d'électricité dans c, et
ainsi de suite. Il y a donc comme une double condensation.

CHAPITRE XXXI

Bouteille de Leyde. — Batteries électriques. — Effets principaux des batteries.

186. La bouteille de Leyde est un instrument fort employé dans les expériences, toutes les fois qu'on a besoin d'une quantité un peu considérable d'électricité. Elle se compose (fig. 135) d'un flacon, recouvert à l'extérieur d'une feuille métallique qui s'élève jusqu'à une petite distance de la naissance du goulot. L'intérieur est rempli de feuilles métalliques, en contact avec une tige qui traverse le bouchon et se termine à l'extérieur par une boule. Sur le goulot, et jusqu'à l'origine de la feuille extérieure, on applique ordinairement un vernis isolant. On reconnaît·dans cet appareil un

Fig. 135.

véritable condensateur, c'est-à-dire le système de deux corps conducteurs séparés·par une couche isolante. La feuille de métal qui est à l'extérieur du flacon se nomme l'*armature extérieure*. La tige et les feuilles communiquant avec elle forment l'armature intérieure. Si l'on prend la bouteille à la main, et qu'on fasse communiquer le bouton avec une machine électrique, l'armature intérieure se chargera d'électricité positive, et l'armature extérieure d'électricité négative. En les réunissant ensemble par un arc métallique, on aura une étincelle dont l'intensité sera en rapport avec les dimensions de l'appareil.

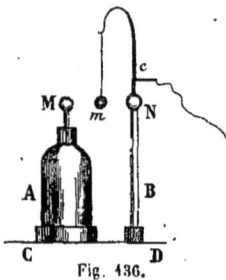

Fig. 136.

On peut aussi opérer la décharge lente de la bouteille, en la plaçant sur un isoloir, et touchant alternativement les deux armatures. On dispose quelquefois cette dernière expérience de la façon suivante, connue dans les anciens traités, sous le nom d'araignée de Franklin. Une bouteille A (fig. 136), isolée sur un support CD, communique par son armature exté-

rieure avec la colonne métallique B, sur laquelle se trouve une
sphère N, à la hauteur de la boule M de la bouteille. Entre ces
deux boules, se trouve suspendue une petite balle ou une araignée
en moelle de sureau, en communication continue avec le sol par
un conducteur placé en *c*; *c*N étant une tige isolante. Dès que la
bouteille est chargée, le pendule attiré par le bouton M vient le
toucher; mais alors il est attiré par l'électricité qui s'est répandue
dans N, et ainsi de suite. A chaque contact on peut constater la
production d'une petite étincelle.

187. Lorsqu'on a déjà réuni les deux armatures d'une bouteille
de Leyde, on peut obtenir encore une petite étincelle en les réunissant
de nouveau, et cela pendant un certain nombre de fois. Ce phénomène tient à ce que les électricités contraires s'attirant mutuellement, une partie vient s'appliquer sur le verre, lequel étant
mauvais conducteur, oppose une certaine résistance à leur mouvement au moment de la décharge. On peut même prouver, par une
expérience très-simple, que la plus grande partie de l'électricité
réside sur la lame de verre, et que les armatures n'en contiennent

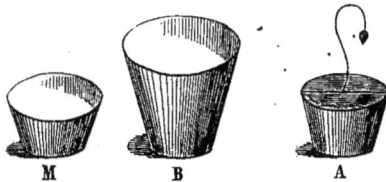

Fig. 137.

qu'une quantité insensi-
ble. On prend la bouteille
de Leyde à armatures mo-
biles (fig. 137). Après
l'avoir chargée, on la dé-
monte et on met les ar-
matures à l'état naturel;
on la remonte ensuite, et
on obtient une étincelle à peu près aussi forte que celle qui se produit immédiatement après la charge.

188. Lorsqu'on veut obtenir des effets électriques d'une très-
grande intensité, on emploie des bouteilles de Leyde d'un plus
grand volume, qu'on appelle des jarres électriques. On emploie
aussi des batteries électriques; on désigne ainsi un ensemble de
jarres (fig. 138), reposant dans l'intérieur d'une caisse doublée
d'une feuille d'étain, laquelle communique avec deux anses; les
boutons des diverses jarres sont réunis par des tringles métal-

liques, de façon, qu'en réalité les armatures semblables communiquent entre elles; c'est comme si l'on avait une jarre unique d'un
volume égal à la somme
des volumes de chacune de
celles qui composent la batterie. Pour charger la batterie, on fait communiquer
avec le sol les anses de la
caisse, tandis que les tringles sont mises en contact
avec la machine électrique.
Cette charge s'opère très-lentement; car, en vertu

Fig. 138.

de la condensation, il doit se produire une quantité de fluide considérable. L'électromètre placé sur l'appareil fait connaître d'ailleurs les progrès de l'opération. Pour opérer la décharge, on réunit
les deux armatures à l'aide d'un excitateur métallique muni de manches de verres (fig. 139).
Bien que généralement l'électricité suive de
préférence les meilleurs conducteurs, l'emploi
des manches isolants est ici nécessaire; car la
quantité d'électricité étant très-forte, une portion pourrait se porter latéralement sur le corps
de l'observateur, en produisant une violente
commotion.

Fig. 139.

189. On peut, à l'aide des
bouteilles de Leyde ou des batteries, obtenir des effets assez
intéressants, et qui ne diffèrent
du reste que par l'intensité de
ceux que produit une simple
étincelle électrique. On se sert
assez ordinairement, pour faire

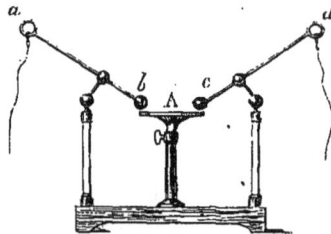

Fig. 140.

ce genre d'expériences, du *déchargeur universel* de Henley. Il se
compose (fig. 140) de deux supports en verre d'égale hauteur,

munis supérieurement de genoux et de coulisses dans lesquelles glissent les tiges métalliques *ab*, *cd*. Une petite planchette A, qui peut être élevée à diverses hauteurs entre les deux supports, est destinée à recevoir le corps que l'on veut soumettre à la décharge électrique. Pour cela, on fait communiquer l'une des tiges avec l'armature extérieure d'une batterie, et on réunit l'autre avec l'armature intérieure, à l'aide de l'excitateur à manches de verre.

190. Les effets des décharges électriques peuvent se grouper de la manière suivante :

1º *Effets physiologiques*. La décharge électrique détermine une commotion chez les êtres vivants; quand c'est par l'intermédiaire de leur corps que les fluides se recomposent. Cette commotion, très-vive déjà avec une bouteille de Leyde, devient redoutable avec une jarre et à plus forte raison avec une batterie. La décharge d'un de ces appareils suffit pour foudroyer mortellement un animal d'une petite taille, un oiseau, par exemple.

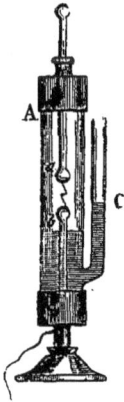

Fig. 141.

2º *Effets mécaniques. L'étincelle électrique détermine un ébranlement intense dans le milieu où elle se produit.* On vérifie ce fait à l'aide du thermomètre de Kinnersley (fig. 141). Cet appareil formé de deux tubes communiquants A et C, dans l'intérieur desquels on met un liquide. Si entre les deux boules *a*, *b*, de deux tiges qui traversent le tube A, on fait passer une décharge électrique, on voit le liquide s'élever dans le tube latéral; il est même projeté avec violence si l'étincelle est un peu intense.

3º *Effets mécaniques et physiques. L'étincelle électrique enflamme les corps combustibles, perce ou brise ceux qui sont mauvais conducteurs, échauffe, rougit, fond ou volatilise ceux qui sont bons conducteurs.* Si l'on place un corps combustible, de la poudre, par exemple, entre les deux branches de l'excitateur universel, elle s'enflamme au moment de la décharge. Une lame de verre, une carte disposée aussi sur l'excitateur, dont les boules ont été rem-

placées par des pointes, sont percées. On remarque dans le dernier
cas une particularité assez curieuse ; c'est que si la carte est inclinée, le trou n'est pas au milieu de l'intervalle qui sépare les deux
pointes ; il est plus près de la pointe négative. En outre, de
chaque côté se trouvent des bavures, comme si l'action rayonnait
pour ainsi dire d'un point placé dans l'épaisseur même de la carte.

Si l'on réunit les deux boules de l'excitateur par un fil métallique d'un diamètre assez fin, au moment de la décharge, on
verra ce dernier rougir, brûler et se répandre au loin en globules
enflammés. La volatilisation de l'or donne lieu à une jolie expérience, connue sous le nom de portrait électrique. On enlève sur
un carton des parties dont l'ensemble forme un dessin, puis on
place d'un côté une feuille d'or, et de l'autre un morceau d'étoffe
blanche, et on serre le tout très-fortement dans une petite presse.
En plaçant cette dernière sur l'excitateur et faisant passer la
décharge, l'or se volatilise, et va produire des taches sur
l'étoffe, aux points placés vis-à-vis les jours du carton. L'ensemble
de ces taches figure le dessin découpé sur le carton lui-même.

4° *Effets chimiques.* L'étincelle électrique détermine la combinaison d'un grand nombre de gaz ; elle opère aussi la décomposition de quelques gaz composés ; aussi joue-t-elle un rôle important dans l'analyse des mélanges gazeux. C'est sur les propriétés chimiques de l'étincelle que sont basés les eudiomètres.

CHAPITRE XXXII

Électricité atmosphérique. — Paratonnerres.

191. Les effets de l'électricité que nous venons d'indiquer dans
le chapitre précédent, sont précisément les mêmes, à l'intensité
près, que ceux que produit la foudre. Il y a d'ailleurs entre la
forme de l'éclair et celle de l'étincelle, la plus grande analogie ;
aussi les physiciens avaient-ils été depuis longtemps portés à
admettre l'identité de ces deux ordres de phénomènes. Toutefois,

la question n'a été résolue expérimentalement que par Franklin. L'expérience mémorable qu'il exécuta et qui a été si souvent répétée depuis, consiste à lancer un cerf-volant muni d'une pointe vers un nuage orageux. Si le nuage est électrisé, en vertu de la décomposition par influence, la partie inférieure de la corde devra donner des signes d'électricité : c'est ce que Franklin constata, et après lui plusieurs autres observateurs. Les étincelles qu'on peut tirer ont même quelquefois une telle intensité, que ces expériences sont véritablement périlleuses.

192. Ce n'est pas seulement quand le temps est orageux, qu'on peut constater la présence de l'électricité dans l'air ; en tout temps et en toute saison, on peut observer ce phénomène. On se sert pour cela de l'électroscope à feuilles d'or, dont la partie supérieure est munie d'une tige qui s'élève à une assez grande hauteur. On place quelquefois à l'extrémité de la tige un corps enflammé, qui produit un appel des couches inférieures ; toutefois il faut, dans ces cas, tenir compte de l'électricité que peut développer la combustion. On peut aussi employer un galvanomètre à fils soigneusement isolés, dont l'un des bouts communique avec la tige, et l'autre avec le sol. Il importe de remarquer, dans les observations de cette nature, que les indications de l'instrument ne sont pas absolues ; qu'elles dépendent seulement de la différence des états électriques au point où se trouve l'électroscope et à celui où arrive la tige.

193. On a reconnu, à l'aide de ces divers instruments, que par un ciel serein, l'air est constamment chargé d'électricité positive, dont l'intensité va en augmentant avec la hauteur. La terre paraît au contraire posséder l'électricité négative. A partir de la surface du sol, et sur une étendue de 1^m à $1^m,50$, l'électricité est nulle ; c'est en effet dans cette région que doit se produire, d'une manière continue, la recomposition du fluide négatif du sol et du fluide positif de l'atmosphère. On a reconnu de plus, que dans le cours d'une même journée, la quantité d'électricité de l'atmosphère, est variable et présente deux maxima et deux minima. L'existence de ces maxima et minima est liée aux variations de la quantité

d'humidité que renferme l'air; d'où résulte l'écoulement plus ou
moins facile du fluide électrique, placé dans les régions supérieures de l'atmosphère. C'est de la sorte, par exemple, qu'en été,
l'air étant généralement plus sec, l'électroscope accuse une quantité d'électricité moins forte. Quand le temps est orageux l'électroscope accuse de l'électricité tantôt positive, tantôt négative, et
qui peut passer de l'une à l'autre, plusieurs fois dans le même jour.

194. Les causes de l'électricité atmosphérique, sont difficiles à
définir; car si d'une part, une multitude de phénomènes qui se
passent à la surface du sol, sont accompagnés de développement
d'électricité, c'est tantôt dans un sens et tantôt dans l'autre que
cela a lieu. On peut citer toutefois, l'évaporation, comme une
source probable de l'électricité de l'air; car on a constaté, que
toutes les fois qu'une dissolution saline s'évapore, la vapeur emporte de l'électricité positive. Or, l'eau qui se trouve à la surface
de la terre, n'est jamais pure; il doit donc se former constamment
de l'électricité positive, tandis que la terre elle-même, ainsi que
nous l'avons remarqué, prend l'électricité négative.

195. L'atmosphère étant constamment chargée d'électricité,
on conçoit que les nuages au moment de leur formation, en condensent une quantité considérable, et deviennent ainsi des nuages
orageux. En même temps que se forment dans l'air des nuages
électrisés positivement, d'autres peuvent se détacher du sol, en
emportant l'électricité négative que celui-ci présente toujours. On
explique ainsi ce fait constamment observé, que les nuages orageux sont électrisés dans des sens différents.

196. Il est facile, d'après ce qui précède, de se faire une idée
des phénomènes électriques de l'orage. Les nuages étant chargés
d'électricité, il peut se produire entre eux et le point du sol une
étincelle; on dit alors que ce point a été foudroyé. La lumière de
l'étincelle constitue l'éclair, et le bruit qui l'accompagne est le bruit
du tonnerre. Souvent l'étincelle se produit entre des points appartenant aux nuages eux-mêmes; alors on observe l'éclair, on entend
le bruit du tonnerre, mais aucun point du sol ne se trouve atteint;
la foudre ne tombe pas.

14

197. On distingue plusieurs espèces d'éclairs : 1° Les éclairs
sinueux, formés d'une ligne lumineuse en zigzag, qui a avec
l'étincelle proprement dite la ressemblance la plus complète. 2° Les
éclairs en masse, qui consistent dans une illumination géné-
-rale du ciel, et qui sont probablement des éclairs de la première
classe, qu'on ne voit qu'à travers un voile de nuages. L'illumination produite par les éclairs de la première et de la seconde espèce,
dure un temps à peine appréciable ; et qui n'atteint certainement
pas un millième de seconde. C'est un caractère que présente aussi
l'étincelle électrique. On peut constater cette sorte d'instantanéité
de l'éclairement ; en observant à la lumière d'une étincelle ou d'un
éclair un corps ayant un mouvement de rotation rapide ; on l'aperçoit immobile. 3° Les éclairs en boule. Ces éclairs diffèrent notablement des précédents ; ce sont des sphères lumineuses qui des-
cendent du ciel avec une certaine lenteur, qu'on peut apercevoir
pendant huit ou dix secondes, arrivent sur le sol, y rebondissent
quelquefois à la manière des corps élastiques, et éclatent enfin avec
un bruit formidable, en produisant tous les effets dus à la chute
de la foudre. On ignore dans l'état actuel de la science, la nature
des éclairs sphériques ; aucune expérience de cabinet de physique,
ne pouvant donner une idée de leur formation. On a la preuve,
toutefois, qu'ils se lient d'une manière continue aux éclairs des
deux premières espèces. En effet, le professeur Richman faisait,
en 1820, des expériences sur l'électricité atmosphérique, à l'aide
d'une barre métallique terminée en pointe vers le ciel, et dont il
observait la partie inférieure, isolée du reste l'édifice ; c'est une
expérience analogue à celle de Franklin. Il put tirer ainsi un
grand nombre d'étincelles ordinaires, et fut même atteint mortellement par l'une d'elles. Or, le graveur qui l'assistait dans ces
expériences, a déclaré que cette dernière avait la forme d'une boule.

198. Le bruit du tonnerre est accompagné de redondances tout
à fait caractéristiques, dont on peut aisément se rendre compte.
En effet, les nuages ne peuvent pas être assimilés à des conducteurs métalliques ; il est probable qu'au moment où a lieu quelque part une étincelle, il s'en produit un grand nombre d'autres

en différents points, d'une façon analogue à ce qui a lieu dans les tubes étincelants. Il y a donc simultanément une série d'explosions dont le bruit n'arrive que successivement à l'oreille de l'observateur. Si, par exemple, l'éclair se produit sur la ligne ABCDEF

(fig. 142), on voit qu'un observateur placé en O, entendra d'abord l'explosion qui a eu lieu en F, puis un peu plus tard, les cinq explosions produites en b, m, n, p, q; il y aura donc accroissement dans l'intensité du son. Les coups foudroyants sont généralement dus à une étincelle unique; aussi ne présentent-ils pas habituellement les redondances dont nous parlons ici, et il est assez facile de les reconnaître, parmi les nombreux coups de tonnerre que l'on entend pendant un orage.

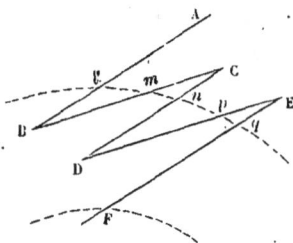

Fig. 142.

199. Il arrive quelquefois, qu'à une grande distance du point où la foudre tombe, sans être atteints eux-mêmes par aucune étincelle, des hommes ou des animaux éprouvent de violentes secousses, ou même sont frappés mortellement. Ce phénomène désigné sous le nom de *choc en retour* est très-facile à comprendre. En effet, sous l'influence du nuage orageux, tous les points de la surface du sol sont dans un certain état électrique. Au moment de l'étincelle, l'équilibre est rompu; il se produit donc dans leur intérieur un mouvement brusque des fluides, qui peut produire les mêmes effets que le choc direct de l'étincelle. Ce phénomène se produit à chaque instant dans le voisinage des machines électriques; les pendules, les électroscopes, manifestent des mouvements très-marqués à chaque fois qu'on tire une étincelle. Une grenouille écorchée éprouve dans les mêmes circonstances des convulsions très-vives. C'est en observant pour la première fois ce fait, que Galvani fut conduit à des expériences qui devaient donner naissance à toute une partie nouvelle de la physique.

200. C'est en se fondant sur la nature électrique des phénomènes orageux, que Franklin a imaginé le paratonnerre, appareil destiné à protéger les édifices contre l'action de la foudre. L'efficacité de l'appareil est fondé sur ce fait, que l'étincelle électrique frappe et suit de préférence les corps bons conducteurs. Si donc un édifice est muni de pièces métalliques en communication continue avec le sol, ce sera seulement dans leur intérieur que se produiront les mouvements des fluides électriques, et par conséquent l'édifice proprement dit sera protégé. Mais on construit généralement le paratonnerre, de façon qu'il exerce en outre de cette action protectrice une action préventive, et qu'il s'oppose dans le plus grand nombre de cas, du moins, à la chute de la foudre. Il se compose alors d'une barre métallique terminée en pointe, en communication avec le sol, par l'intermédiaire d'une chaîne conductrice. Lorsque l'édifice a une grande étendue, on place plusieurs paratonnerres distants les uns des autres d'une quantité égale à quatre fois leur longueur. On voit, d'après cette disposition, que si un nuage vient à passer au-dessus de l'appareil, son électricité naturelle sera décomposée, et l'électricité de nom contraire à celle du nuage s'écoulera par la pointe. Il ne saurait donc y avoir ni sur le paratonnerre, ni sur le point correspondant du nuage, cette accumulation, cette condensation de l'électricité qui sont la condition *sine quâ non* de la production de l'étincelle.

201. Pour que le paratonnerre soit efficace, il doit remplir diverses conditions dont la plus importante est la communication bien intime avec le sol. L'expérience a prouvé que tous les raccords de pièces métalliques doivent être faits avec des soudures, la simple juxtaposition, même très-étroitement obtenue à l'aide de boulons, étant insuffisante. Si dans le voisinage de l'édifice il y a une masse d'eau, on y fait arriver l'extrémité de la chaîne; dans le cas contraire, on la divise en plusieurs branches qu'on enterre dans le sol, en les entourant de charbon calciné. On doit donner à la barre et aux conducteurs une assez grande section. Sans cela, en effet, l'électricité pourrait acquérir une grande tension à leur surface et se porter sur l'édifice. Il pourrait arriver aussi que le

mouvement des fluides électriques déterminât la fusion ou la dislo-
cation de quelques-unes de leurs parties. Quant à la pointe, on la
fait ordinairement en platine; on pourrait aussi la faire en cuivre,
et surtout en cuivre doré. Une dernière condition très-importante,
c'est de mettre les grandes masses métalliques de l'édifice, toitures,
charpentes en communication avec le paratonnerre; de cette façon
elles seront constamment à l'état naturel, et par suite ne sauraient être foudroyées. Ces diverses précautions sont d'autant plus
importantes que le paratonnerre est rarement un appareil inof-
fensif, et s'il n'est pas efficace il devient dangereux. Ainsi, par
exemple, si la communication avec le sol n'était pas bien établie,
l'électricité provenant de l'action inductive du nuage n'ayant pas
d'issue, se porterait périodiquement sur l'édifice qui eût pu n'être
pas atteint sans la présence du paratonnerre. En tenant compte
des imperfections de construction qui ont été signalées dans divers
paratonnerres foudroyés, on peut dire que l'efficacité de ces appareils est pleinement démontrée par l'expérience. 1º Un édifice muni
d'un paratonnerre est foudroyé plus rarement. 2º Dans le cas où
la foudre tombe, il est protégé contre ses effets destructifs (¹).

CHAPITRE XXXIII

Des sources diverses de l'électricité statique.

202. L'électricité se développe dans des circonstances fort
diverses, autres que celles dont nous avons parlé jusqu'ici. En
général, toutes les fois que l'équilibre moléculaire d'un corps est

---

(¹) On conçoit très-bien qu'un paratonnerre, même remplissant les diverses
conditions que nous venons d'énumérer, puisse être foudroyé. En effet, l'action
de la pointe ne peut être efficace qu'autant qu'il ne se produira pas de variations brusques dans l'électricité du nuage. Si, par exemple, une très-grande
quantité de fluide se produit à la fois, le paratonnerre pourra être frappé.
C'est par un phénomène analogue que, dans une chaudière, la soupape de
sûreté ne s'ouvre pas lorsqu'il se forme tout à coup une grande quantité de
vapeur.

troublé, il y a décomposition du fluide neutre. Toutefois, il arrive
souvent que la recomposition immédiate des fluides s'oppose à ce
qu'on observe aucun phénomène électrique proprement dit. Nous
énumérerons rapidement les cas dans lesquels là production de
l'électricité est manifeste.

203. Lorsqu'on presse un disque métallique isolé contre du
taffetas gommé, ce dernier s'électrise positivement, tandis que le
disque lui-même s'électrise négativement. On ne peut pas attribuer l'électrisation qui se produit ici au frottement, car dans ce
cas, le taffetas se serait électrisé en sens contraire. En général,
lorsque deux corps sont pressés l'un contre l'autre, ils se constituent dans des états électriques opposés; mais quand ils sont bons
conducteurs, au moment où on fait cesser la pression pour les
séparer, la réunion des fluides a lieu. Il faut donc pour que l'expérience réussisse, que l'un des corps au moins soit mauvais
conducteur. Lorsque les deux corps pressés l'un contre l'autre sont
identiques, l'action est nulle; mais elle devient sensible, dès que
la température des deux corps n'est pas la même, et que cette
inégalité persiste pendant la durée du contact. La température
influe d'ailleurs toujours sur la nature de l'électricité que prend
un corps quand il est pressé.

204. Les actions chimiques sont toujours accompagnées de développement d'électricité. La combustion, n'étant qu'un phénomène
chimique, peut être considérée comme une des sources d'électricité
à la surface du globe. Si l'on fait brûler, par exemple, un morceau de
charbon au-dessous d'un des plateaux de l'électroscope, vers lequel
on dirige le gaz provenant de la combustion, pendant que l'autre
plateau est en communication avec le sol, on pourra facilement
constater la production d'électricité positive. Par des expériences
analogues on constaterait la présence de l'électricité dans toute
espèce de réaction chimique. Toutefois ce genre de phénomènes ne
saurait être étudié d'une façon ni bien efficace, ni bien complète,
à l'aide des appareils de l'électricité statique; c'est surtout à l'état
de courant, et par le moyen du galvanomètre, que l'on a mis en
évidence l'électricité développée dans les combinaisons chimi-

ques. On sait d'ailleurs que par l'action de la pile, c'est-à-dire en absorbant un courant produit, on peut effectuer toutes sortes de décompositions. Or, une réaction chimique quelconque est ordinairement accompagnée de ces deux ordres de phénomènes, combinaison et décomposition; elle doit donc toujours donner lieu au dégagement de l'électricité.

205. Certains cristaux, lorsqu'on fait varier leur température, présentent un phénomène très-singulier; ils s'électrisent d'une façon différente sur chacune de leurs moitiés, c'est-à-dire que l'une de leurs extrémités est électrisée positivement, tandis que l'autre l'est négativement. Cette polarité électrique, qu'on a d'abord observée dans la tourmaline, a été reconnue depuis dans un grand nombre de substances, et il est probable que c'est une propriété générale des cristaux. Il est important de remarquer que l'électricité polaire ne se manifeste qu'autant que la température varie; elle est d'un certain sens, pendant l'échauffement et de sens contraire pendant le refroidissement. Cette circonstance, qui n'a été mise en évidence que par les observations de M. Becquerel, a dû souvent induire en erreur. C'est ainsi, par exemple, qu'on a supposé qu'il y a une limite de température au delà de laquelle la polarité disparaît; en réalité il n'en est rien; mais lorsque, après avoir chauffé le cristal, on le porte vers l'électroscope, sa température doit rester quelque temps stationnaire, et par conséquent l'électricité doit être nulle. Les minéralogistes appellent *pôle analogue* celui qui est positif par l'accroissement de température, et *pôle antilogue* celui qui est de signe contraire; l'axe électrique est la ligne qui joint les deux pôles. Cette ligne ne se confond pas toujours avec l'axe de cristal. Il peut arriver aussi qu'il y ait plus d'un axe, et par suite plus de deux pôles électriques. Ces différents faits très-délicats à observer ne sont encore soumis à aucun lien théorique.

206. Nous citerons, en terminant, comme source d'électricité statique le contact des métaux, ou plus généralement des substances différentes. On peut démontrer ce fait, comme l'a fait Volta, en prenant une lame de cuivre et de zinc soudés (fig. 143), et mettant le cuivre en communication avec le plateau collecteur d'un électroscope, pendant qu'on tient le zinc à la main. On reconnaît ainsi que ce dernier métal prend l'électricité positive, tandis que le cuivre prend l'électricité négative. Cette expérience est devenue le point de départ de la construction de la pile; elle a été répétée depuis, et on a reconnu contrairement à l'opinion de Volta, que non-seulement le contact des métaux entre eux, mais aussi le contact des liquides et des métaux produisait l'électricité, et même en quantité plus grande; toutefois, les physiciens sont à peu près d'accord aujourd'hui pour admettre que cette électricité, quant à sa quantité du moins, ne joue qu'un rôle insignifiant dans les phénomènes de la pile, qu'on suppose dus principalement aux actions chimiques qui se produisent dans l'appareil.

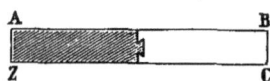

Fig. 143.

CHAPITRE XXXIV

Phénomènes généraux des aimants. — Dénomination et définition des pôles.
— Théorie du magnétisme.

207. Il existe un minerai de fer (Fe^3O^4) que l'on appelle le fer aimant, ou l'aimant naturel, et qui jouit de la propriété d'attirer la limaille de fer. Ce fait a été connu pour ainsi dire de toute antiquité; c'est même du nom de *Magnésie,* ville aux environs de laquelle on trouvait cette substance en abondance, que vient le mot de magnétisme.

208. On peut, par des frictions convenablement exécutées, communiquer la vertu magnétique à des barreaux d'acier, qui prennent alors le nom d'aimants artificiels. On pourrait aussi aimanter quelques autres métaux, par exemple, le nickel et le cobalt; la limaille de ces métaux est attirable à l'aimant.

209. Qu'un aimant soit naturel ou artificiel, pourvu qu'il ait la forme de barreau, rectiligne ou curviligne, c'est-à-dire que l'une de ses dimensions l'emporte sur les autres, on reconnaît toujours que la force attractive réside principalement aux extrémités; tandis que vers le milieu elle est à peu près nulle. Ainsi, en plongeant un barreau dans la limaille (fig. 144), on trouve que celle-ci forme deux masses adhérentes aux extrémités, et qu'elle va en diminuant très-rapidement vers le milieu AB. On donne le nom de *pôles* aux

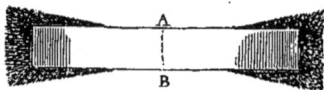

Fig. 144.

régions actives, autour desquelles s'accumule la limaille. Chaque barreau aimanté en possède deux ; il peut arriver cependant qu'il y en ait un plus grand nombre ; on les appelle pôles supplémentaires ou *points conséquents.*

210. Lorsqu'on suspend un barreau aimanté par un fil, de façon à ce qu'il se maintienne horizontal, on reconnaît qu'il se fixe toujours dans une certaine position, à laquelle il revient constamment si on l'en écarte. Dans cette position, l'une des extrémités est sensiblement tournée vers le nord, on l'appelle *pôle nord* ou *pôle austral;* l'autre extrémité se tourne par conséquent vers le sud, et on la désigne sous le nom de *pôle sud* ou *pôle-boréal.* C'est sur cette propriété qu'est fondée la boussole.

Les pôles d'un aimant attirent tous les deux la limaille de fer ; mais ils jouissent de propriétés distinctives et caractéristiques. Ainsi, si l'on approche successivement des extrémités d'un aimant librement suspendu, les pôles d'un autre aimant, on reconnaîtra qu'il y a attraction ou répulsion, suivant que les pôles sont de nom contraire ou de même nom ; ainsi que cela aurait lieu pour des corps électrisés, de manières différentes ou de la même manière. Ces attractions et ces répulsions fournissent le moyen de distinguer un corps simplement magnétique d'un corps aimanté. Le premier est attirable indifféremment aux deux pôles d'un aimant; tandis que le second présente deux pôles qui sont attirés ou repoussés par ceux de l'aimant, suivant qu'ils sont de nom contraire ou de même nom. Les attractions et les répulsions magnétiques se produisent d'ailleurs sans altération à travers un milieu quelconque, pourvu qu'il ne soit pas magnétique.

211. Lorsqu'un morceau de fer est en contact avec un barreau

aimanté, ou seulement soumis à son influence, il devient lui-
même un aimant, capable d'attirer la limaille et d'agir à son tour
par voie d'induction sur un autre morceau du même métal. C'est
ainsi, par exemple, que le cylindre de fer *a* (fig. 145) étant soutenu par l'aimant AB, peut sou-
tenir à son tour le cylindre *b*,
lequel soutient *c*, et ainsi de suite.
Mais si l'on vient à détacher le
premier fragment du barreau aimanté, tous les autres tombent en
même temps. Le fer devient donc un aimant sous l'influence d'un
aimant; mais cette aimantation n'est que temporaire et cesse quand
on éloigne l'aimant inducteur. Si on fait la même expérience avec
l'acier, on reconnaît d'une part, qu'il s'aimante moins, et plus difficilement que le fer; mais d'autre part, l'aimantation persiste
après que l'influence de l'aimant a cessé. La cause à laquelle on
attribue cette propriété spéciale de l'acier, a été désignée sous le
nom de force coercitive. Lorsque le fer est bien pur, qu'il est bien
exempt d'aciération, il est tout à fait dépourvu de force coercitive;
on l'appelle *fer doux*.

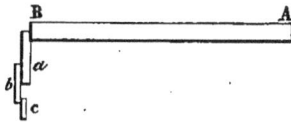

212. Les phénomènes magnétiques ont été attribués par Coulomb à l'existence de deux fluides analogues aux fluides électriques
qui portent les noms de *fluide boréal* et *fluide austral*. Ces fluides
s'attirent et se repoussent suivant qu'ils sont de nom contraire ou
de même nom, et c'est à leur action réciproque que sont dues les
attractions et les répulsions magnétiques. La combinaison, par
parties égales, de fluide austral et de fluide boréal, donne lieu au
fluide neutre dont on admet l'existence dans tous les corps magnétiques. Toutefois il y a entre les fluides électriques et les fluides
magnétiques, une notable différence; c'est que les premiers peuvent
se mouvoir librement à la surface des corps, passer de même de
l'un à l'autre, se disséminer dans l'air; tandis que les seconds
paraissent confinés dans l'intérieur même des molécules. Si, en
effet, on prend un petit barreau d'acier aimanté, et qu'on le brise en
son milieu, chacun des fragments devient un aimant avec les deux

Fig. 145.

pôles austral et boréal; la même chose à lieu quand on coupe l'un quelconque des fragments, et ainsi de suite. On conçoit donc qu'on arriverait ainsi de division en division, jusqu'à la molécule même, qui renferme par conséquent les deux fluides magnétiques.

213. On est conduit d'après ce qui précède à se représenter un aimant, comme la juxtaposition de molécules ab, $a'b'$... (fig. 146)

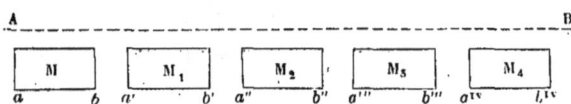

Fig. 146.

dans lesquels les fluides magnétiques seraient séparés et maintenus ainsi par l'action de la force coercitive. Si cette séparation a lieu dans le même sens pour toutes les molécules, comme l'indique la figure, les propriétés du fluide austral prédomineront du côté A où sera le pôle austral; et les propriétés du fluide boréal du côté B, où se trouve le fluide boréal. Chacune des moitiés de l'aimant sera donc dans le même cas que si elle ne renfermait qu'une seule espèce de fluide.

Pour nous rendre compte de ce dernier fait, considérons d'abord une molécule magnétique isolée M (fig. 147), qui a été soumise à une action décomposante quelconque; les fluides austral et boréal se sont séparés, et leur séparation est maintenue par la force coercitive. Supposons actuellement qu'à côté de cette molécule

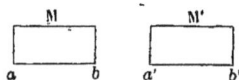

Fig. 147.

on en place une autre tout à fait identique, M'; il est facile de voir, que, par suite de leur influence réciproque, la quantité des fluides séparés augmentera dans chacune d'elles. En effet, l'action du fluide austral a' sur a, tend à augmenter le magnétisme de la molécule M, l'action de b' sur b tend à le diminuer; ces deux actions ont la même intensité, le résultat total n'en sera donc pas affecté. D'autre part, le magnétisme de M augmente par l'attraction de a' sur b, et diminue par celle de b' sur a; mais cette dernière étant évidem-

ment plus petite, à cause de la distance qui est plus grande, il en
résulte que l'effet prédominant est une augmentation de magnétisme dans la molécule M, et par la même raison dans la molécule M'. Soit maintenant une série de molécules magnétiques
(fig. 146); chacune d'elles, par suite de l'action dont nous venons
de parler, éprouve un accroissement dans son magnétisme propre;
mais cet accroissement dépend de leur position, et est évidemment
plus grand pour les molécules situées vers le milieu que pour celles
des extrémités. On voit aussi que la variation d'une molécule à
l'autre sera plus sensible aux extrémités; car c'est là que seront
plus marquées les différences de distance des molécules agissantes.
En résumé, si on néglige l'intervalle des molécules devant la grandeur de la molécule elle-même, le fluide austral a' neutralisera b et
sera encore en excès ; de même le fluide austral a'' fera plus que
neutraliser le fluide boréal b', donc la moitié du barreau, situé du
côté A sera australe. et l'autre moitié sera boréale.   -

La quantité de fluide prédominant dans l'une ou l'autre moitié
du barreau, diminue rapidement à partir de l'extrémité. La résultante des actions d'un point extérieur suffisamment éloigné, sur
l'une de ces moitiés, a pour point d'application le *pôle*. Rigoureusement parlant, les pôles ont donc une position qui dépend de
celles des points agissants. On considère généralement le cas où
les actions émanent de points situés très-loin, auquel cas, elles
sont parallèles; ce qui donne pour le pôle un point placé d'une
manière invariable. Dans tous les cas les pôles sont à une petite
distance des extrémités.

CHAPITRE XXXV

Loi des attractions et des répulsions magnétiques.— Loi de la distribution du magnétisme
dans un barreau aimanté.

214. Coulomb a appliqué la balance de torsion à la recherche
des lois des attractions et des répulsions magnétiques. La disposition de l'appareil est à peu près la même que pour l'électricité;

seulement la petite pièce métallique qui termine le fil est remplacée par une autre ayant la forme d'un étrier. Sur cet étrier on
pose l'aiguille aimantée, de façon à ce qu'elle se place sans torsion
dans le méridien magnétique, et en face du zéro de la division
angulaire tracée sur la surface de la caisse. Cela fait, on dispose à
côté de l'aiguille une règle de bois, derrière laquelle on place le
pôle contraire d'un aimant; l'aiguille est repoussée, et en faisant
varier la torsion de manière à la maintenir à diverses distances,
on peut en déduire la loi de la répulsion.

Dans ces expériences, lorsque l'aiguille est écartée de sa position
d'équilibre, elle tend à y revenir, non-seulement en vertu de la
force de torsion, mais aussi en vertu de la force directrice du
globe; cette dernière ayant une direction constante, est proportionnelle au sinus de l'angle d'écart, ainsi que cela a lieu pour le
pendule; il suffit donc de connaître sa valeur pour une déviation
déterminée. Or, Coulomb avait reconnu, pour l'aiguille employée
dans ses expériences, qu'une déviation de 20°, en dehors du méridien magnétique, correspondait à une rotation du micromètre
égale à deux circonférences. La force nécessaire pour maintenir
l'aiguille à 20° de déviation est donc représentée par un angle de
torsion de 700°. Pour une déviation quelconque a, la force serait

égale $700° \dfrac{\sin a}{\sin 20°}$, ou en remplaçant les sinus par les arcs

$700° \dfrac{a}{20} = 35\,a$. Ainsi, dans chaque expérience, il faudra ajouter

à la force due à la torsion, la force directrice du globe, qui est
représentée par 35 fois l'angle de déviation.

Voici les nombres obtenus dans une expérience de Coulomb :

Torsion donnée au fil.	Angles d'écart.
0....................	24
3cerc................	17
8cerc................	12

Dans la première expérience, l'aiguille était ramenée vers le
zéro par une force de torsion de 24°, plus la force terrestre égale

à $24 \times 35 = 840^{\circ}$; la force totale est donc de 864°. Dans la seconde, cette force est égale à 3 circ. $+ 17^{\circ} + 17 \times 35 = 1692^{\circ}$. Enfin, dans la troisième, elle a pour expression 8 circ. $+ 12^{\circ} + 35 \times 12 = 3312^{\circ}$. On doit donc avoir, si la loi des répulsions est vraie :

$$1692 = 3312 \left(\frac{12}{17}\right)^2, \qquad 864 = 3312 \left(\frac{12}{24}\right)^2.$$

Au lieu de cela, les seconds membres sont respectivement égaux à 1650 et 828. La différence est, comme on le voit, assez petite D'ailleurs on ne devait pas s'attendre à une vérification complète de la loi, car on néglige dans ce mode d'expérience l'action des pôles contraires, des aimants, qui, à cause de la longueur de ceux-ci, doit être faible, mais pourtant appréciable. On fait en outre, en mesurant la distance par l'arc, et la force répulsive par la force de torsion, la même erreur que celle qui a été signalée, à propos de la loi des répulsions électriques.

215. En raison de ces causes d'erreur, Coulomb a étudié les lois des attractions et des répulsions par la méthode des oscillations. Il employait une petite aiguille fortement aimantée, suspendue à un fil de soie sans torsion, et il comptait le nombre des oscillations effectuées sous l'influence du globe terrestre. Il plaçait ensuite dans le méridien magnétique, et à diverses distances d, d', un barreau aimanté vertical, de façon que son pôle boréal fût à peu près dans le plan horizontal contenant l'aiguille oscillante. Il fallait pour cela abaisser l'extrémité un peu au-dessous de ce plan. Soient, dans ces diverses circonstances, g, g', g'' les forces agissantes, et n, n', n'', les nombres d'oscillations faites dans un temps donné, on aura les relations :

$$\frac{g'}{g} = \frac{n'^2}{n^2} \qquad \frac{g''}{g} = \frac{n''^2}{n^2},$$

d'où :

$$\frac{g' - g}{g'' - g} = \frac{n'^2 - n^2}{n''^2 - n^2}.$$

Or, $g' - g$, $g'' - g$, sont les forces d'attraction dues au barreau seul; ce sont ces forces qui doivent être inversement proportionnelles au carré des distances d et d', c'est-à-dire qu'on doit avoir :

$$\frac{n'^2 - n^2}{n''^2 - n^2} = \frac{d'^2}{d^2}.$$

Dans trois expériences de Coulomb, on a obtenu $n = 15$ $n' = 41$ $n'' = 24$ $d = 4^{\text{pouces}}$ $d' = 8$. L'équation précédente devient donc $\frac{1456}{351} = 4$, ce qui est sensiblement exact. Lorsque la distance devient un peu grande, la loi ne se vérifie pas bien, parce qu'alors le second pôle du barreau fixe agit d'une manière sensible; mais on peut tenir compte de cette action en se fondant précisément sur la loi qu'on veut démontrer, et les vérifications deviennent alors suffisamment exactes.

216. Coulomb s'est aussi servi de cette dernière méthode pour étudier la distribution du magnétisme dans un barreau aimanté. Nous avons déjà vu que cette distribution est fort inégale, et que la force magnétique décroît rapidement des extrémités vers le milieu. Pour obtenir des résultats plus précis, Coulomb faisait osciller une petite aiguille aimantée devant les diverses parties d'un barreau, et déduisait, comme nous l'avons vu précédemment, du nombre total des oscillations, celui que l'on aurait observé si la terre n'eût pas exercé d'influence. Le carré de ce nombre d'oscillations mesure l'action du barreau, qui est sensiblement proportionnelle à celle du point placé en regard de la petite aiguille. En effet, on peut admettre qu'à une distance un peu sensible au-dessus et au-dessous de ce point, les actions deviennent très-petites à cause de l'obliquité; il n'y a donc en réalité qu'une petite étendue agissante dans le barreau. Soit AB (fig. 148) cette partie, et supposons que l'intensité du magnétisme soit représentée par les ordonnées de la courbe MN. Quelle que soit la nature de cette courbe, on pourra toujours substituer la corde à l'arc, et par conséquent la quantité de magnétisme agissant sera mesurée par l'aire du trapèze AMNB = AB × CK. Cette quantité est donc

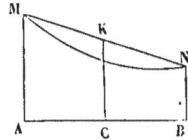
Fig. 148.

proportionnelle à CK, c'est-à-dire à l'intensité magnétique en C. Il faut remarquer toutefois que lorsqu'on approchera de l'extrémité, comme, il n'existe pas de points de part et d'autre, comme le suppose le raisonnement précédent, la conclusion ne serait pas exacte. Coulomb doublait dans ce cas le carré du nombre des oscillations. Il faut, dans ces expériences, apporter deux précautions fondamentales : la première, d'employer des fils assez longs pour qu'en observant l'action de l'une des extrémités sur l'aiguille, on n'ait pas besoin d'avoir égard à l'action de l'autre; la seconde, c'est que l'aiguille, quoique petite, soit cependant assez forte et d'un acier assez dur pour que son magnétisme n'éprouve pas d'altération.

217. On peut facilement, à l'aide des expériences précédentes, construire la courbe des intensités, qui est représentée dans la figure 149. Il est remarquable que cette courbe soit la même,

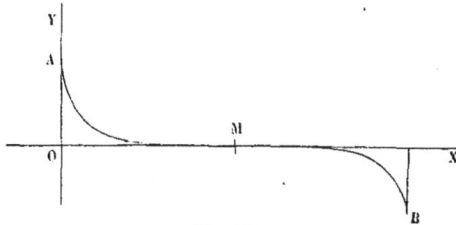

Fig. 149.

quelle que soit la longueur du barreau, pourvu qu'elle excède 6 ou 7 pouces; elle ne fait, pour ainsi dire, que se transporter parallèlement à elle-même aux deux extrémités du fil, pourvu toutefois que le diamètre reste le même.

M. Biot a cherché l'expression analytique de cette courbe. En prenant pour origine des coordonnées une extrémité de l'aiguille, pour axe des x l'aiguille elle-même, et pour axe des y une droite perpendiculaire, les résultats numériques de Coulomb sont reproduits avec une fidélité remarquable par l'équation :

$$y = A(\mu^x - \mu^{2l-x}) \quad [a].$$

dans laquelle A et μ désignent deux constantes qu'on détermine à l'aide de deux observations. Cette équation peut servir à déterminer les pôles du barreau, qui ne sont autre chose que les abscisses des centres de gravité de chacune des portions de la courbe.

CHAPITRE XXXVI

Action de la terre sur les aimants. — Définition de la déclinaison et de l'inclinaison. — Procédés d'aimantation. — Liste des métaux magnétiques

218. Si on suspend librement un barreau d'acier par son centre de gravité, à l'aide d'un fil très-fin, il se maintient horizontal et en équilibre dans une position quelconque. Si alors on l'aimante, et qu'on le suspende de nouveau, il ne reste plus horizontal (fig. 150); en même temps il se place dans un certain plan où il revient toujours si on vient à l'en écarter. Le plan vertical dans lequel se fixe l'aiguille porte le nom de *méridien magnétique*. Ce plan ne coïncide pas avec le méridien géographique; l'angle compris entre les portions boréales de ces plans porte le nom de *déclinaison*. L'angle que, dans le plan du méridien magnétique, la portion nord de l'aiguille fait avec l'horizon, s'appelle *inclinaison*. La déclinaison et l'inclinaison varient

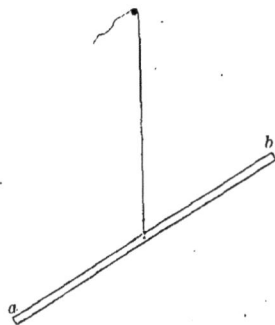

Fig. 150.

d'un lieu à un autre, et dans le même lieu d'une époque à une autre. En ce moment à Paris la déclinaison est de 20° ouest et l'inclinaison au-dessous de l'horizon est de 66°.

219. On peut reconnaître par l'expérience que la force qui produit ces mouvements de l'aiguille aimantée est seulement directrice et qu'elle ne tend à imprimer aucun mouvement de translation. Si, en effet, on place une aiguille aimantée sur un morceau de liége flottant sur l'eau, elle se place dans le méridien magné-

15

tique, comme si elle était mobile autour de son centre. D'ailleurs l'aimantation ne change rien à son poids; on doit donc attribuer son mouvement à ce que l'on appelle un *couple*.

220. On attribue la direction de l'aiguille aimantée à l'action du globe qui agirait à la façon d'un aimant. Supposons, par exemple, que la terre soit traversée par un aimant très-court $\pi\pi'$ (fig. 151), faisant un certain angle avec la ligne des pôles PP';

à un point quelconque de la surface du globe, une aiguille librement suspendue devra se placer dans le plan vertical qui contient l'axe $\pi\pi'$ et parallèlement à cet axe. Pour tous les points du grand cercle PBP'A, le méridien magnétique coincide avec le méridien gréographique, et par suite la déclinaison sera nulle. Pour un autre point M, les deux méridiens PMP', BMA, font un certain angle en M, qui est l'angle de déclinaison. Si on conçoit de même le grand cercle $\varepsilon\varepsilon'$ perpendiculaire à l'axe $\pi\pi'$, tous ses points ont leur horizon

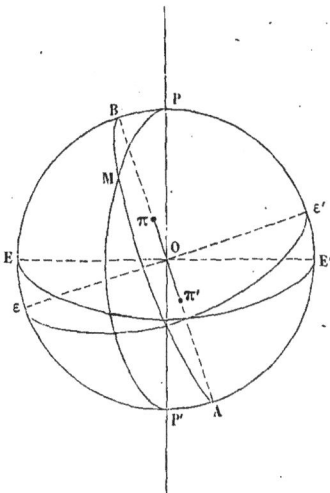

Fig. 151.

parallèle à $\pi\pi$, et par conséquent l'inclinaison sera nulle; cet ensemble de points porte le nom d'équateur magnétique. Si on s'avance vers le pôle B, l'aiguille s'inclinera de plus en plus, et enfin, si on la pose au point B, elle se placera verticalement. La même chose aurait lieu de l'autre côté de l'équateur magnétique jusqu'en A; seulement ce serait l'autre extrémité de l'aiguille qui s'inclinerait. Les deux points A et B sont les pôles magnétiques du globe.

L'expérience confirme ces prévisions générales, tout en accusant une complication un peu plus grande que celle que nous venons de supposer. Ainsi les différentes lignes d'égale inclinaison ou, d'égale déclinaison sont toujours plus ou moins sinueuses et irrégulières; en outre, il ne paraît pas possible d'expliquer tous les phénomènes, à l'aide de deux centres magnétiques, il faut en admettre au moins un troisième dans l'hémisphère austral.

La déclinaison et l'inclinaison ne s'observent pas simultanément avec le même instrument; on en emploie deux distincts, qui sont, l'un la boussole de déclinaison, l'autre la boussole d'inclinaison. Dans le premier, l'aiguille aimantée est suspendue sur un pivot, de façon à rester horizontale; sa direction définit celle du méridien magnétique. Dans le second, l'aiguille traversée en son centre de gravité par un axe horizontal se meut dans un plan vertical. Si l'on place ce dernier dans le méridien magnétique, l'aiguille se placera parallèlement à l'aimant terrestre, et donnera ainsi la valeur de l'inclinaison.

221. On emploie pour aimanter les barreaux ou les aiguilles d'acier diverses méthode dont la théorie est loin de pouvoir donner un compte satisfaisant. L'effet produit dépend d'une manière évidente de la constitution moléculaire des corps, de l'influence des vibrations sur la séparation des fluides magnétiques, choses environnées, quant à présent, d'une assez grande obscurité. Nous allons décrire brièvement les procédés les plus employés.

1° *Méthode de la simple touche.* Lorsque l'on met l'extrémité d'un barreau d'acier en contact avec le pôle d'un aimant, le fluide naturel est successivement décomposé dans chaque particule; de sorte qu'au bout d'un certain temps, un pôle contraire à celui de l'aimant se trouve au point de contact, tandis que le pôle opposé est à une certaine distance, à l'extrémité même du barreau, s'il n'a pas une longueur trop grande. On augmente beaucoup l'intensité du magnétisme développé en exécutant sur le barreau des frictions toujours dans le même sens.

Lorsque dans cette opération on revient à la partie antérieure du barreau, il est clair qu'on détruit d'abord l'effet produit par la friction précédente, pour produire ensuite un effet dans le même sens; mais il est probable que la friction a pour résultat de développer un état vibratoire favorable à la décomposition du fluide magnétique neutre. C'est le procédé de la simple touche. L'extrémité du barreau touchée la dernière, a un pôle de nom contraire au pôle qui frotte.

3° *Méthode de la double touche.* Cette méthode permet d'obtenir une aimantation plus énergique. On assujettit le barreau à aimanter sur les pôles opposés de deux aimants, de façon que par le contact seul, l'aimantation se produise déjà. On place ensuite en son milieu, deux autres aimants, les pôles opposés en regard, et on les fait glisser vers les extrémités en les inclinant de 25 à 30°. On les reporte au milieu pour recommencer un certain nombre de fois la même opération. Il faut pour que la friction des aimants mobiles produise le même effet que le contact des aimants fixes, que le pôle frottant soit de même espèce que celui qui sert de support à l'extrémité vers laquelle il s'approche. Cette méthode porte quelquefois le nom de touche *séparée;* elle est due à Duhamel. On peut réunir les deux barreaux mobiles, et les promener alternativement dans un sens et dans l'autre, sur la surface du barreau à aimanter, en ayant soin de s'arrêter au milieu lorsque les deux moitiés ont été frictionnées le même nombre de fois. C'est plus spécialement la méthode de la double touche, dite aussi méthode d'Æpinus. Elle développe une aimantation très-forte, mais elle a l'inconvénient de donner des points conséquents.

222. Quelle que soit la méthode que l'on emploie, il existe toujours une limite à la quantité de fluide qui persiste après qu'on a enlevé les aimants inducteurs. Quand cette limite est atteinte, on dit que le barreau est aimanté à saturation. Lorsque cette limite est dépassée, l'aimantation s'affaiblit graduellement, et finit au bout d'un temps, assez variable d'ailleurs, par revenir au point de saturation.

223. Puisque la terre est un aimant, il est facile de prévoir qu'elle pourra, par influence, produire des phénomènes d'aimantation. Si on place en effet un barreau d'acier parallèlement à l'aimant terrestre, et qu'on l'abandonne quelque temps dans cette position, on reconnaîtra qu'il s'est aimanté, et que ses pôles sont précisément placés comme ceux d'un aimant qui serait suspendu librement et soumis à l'action directrice du globe. Bien que la position la plus favorable soit celle que nous venons d'indiquer, il est clair, que quelle que soit la position d'un barreau d'acier, il s'aimantera toujours, à moins qu'il ne soit perpendiculaire au -plan du méridien magnétique. Ainsi, par exemple, s'il est vertical, l'extrémité inférieure sera un pôle nord, et l'extrémité supérieure un pôle sud. Aussi est-il très-difficile de trouver un barreau d'acier, ayant conservé la même position à l'air pendant quelque temps et qui ne soit plus ou moins aimanté. Si on considère un barreau de fer doux, il s'aimantera aussi sous l'action du globe ; mais cette aimantation changera d'intensité et même de sens, quand on fera varier la position du barreau lui-même. Ainsi, par exemple, si on promène une aiguille aimantée le long d'une barre de fer verticale, on reconnaîtra un pôle austral à la partie inférieure, et un pôle boréal à la partie supérieure. En retournant la barre, l'extrémité qui était australe devient boréale et réciproquement. On peut néanmoins, par une action mécanique, développer, au moins momentanément un certain degré de force coërcitive qui fasse persister les pôles. Ainsi, il suffit de donner à la barre quelques coups secs de marteau, pour que le sens de l'aimantation se conserve.

224. Toutes les circonstances qui influent sur la constitution moléculaire de l'acier, influent également sur sa force coërcitive et par conséquent sur la quantité de magnétisme qu'il possède, quand il est aimanté à saturation.

1° La chaleur diminue en général la force coërcitive, et d'autant plus qu'elle est plus intense. Ainsi des aimants chauffés au rouge blanc, perdent toute trace de magnétisme. On a remarqué que cette action de la chaleur n'est pas instantanée ; ainsi, si l'on plonge à plusieurs reprises une aiguille aimantée dans l'eau bouillante et qu'on l'y laisse à chaque fois quelques minutes, on verra qu'il faut répéter l'opération un certain nombre de fois pour enlever tout le magnétisme qu'aurait enlevé une seule immersion suffisamment prolongée.

2° La trempe exerce aussi une influence notable sur la quantité
de magnétisme que peut conserver un barreau. Cette quantité est
en général d'autant plus grande que la température de la trempe
elle-même a été plus élevée. Ainsi d'après les expériences de
Coulomb, un barreau trempé à 950° acquiert une intensité plus
que double de celle qu'il prend lorsque la trempe a lieu à 700°.

3° Le recuit diminue en général les effets de la trempe. Toutefois, comme l'acier trempé très-dur acquiert facilement des points
conséquents, il y a, à cet égard, un milieu convenable à garder.
Coulomb a fait sur ce point d'intéressantes expériences, desquelles
il résulte que, pour les aiguilles de boussole, il convient de les
tremper à la température du rouge cerise clair, et de les recuire au
bleu. Il résulte aussi de ces expériences, que les aiguilles en forme
de losange allongé ont une force directrice plus grande que les
autres; que cette force croît très-peu avec la largeur; que d'ailleurs, le frottement sur la chape étant sensiblement proportionnel
au poids, il y a toujours avantage à prendre pour les aiguilles des
losanges très-légers et très-étroits.

225. On réunit quelquefois plusieurs barreaux aimantés par
les pôles de même nom, de manière à former un aimant plus
énergique. L'intensité magnétique croît en effet, mais pas proportionnellement au nombre des barreaux. Si on examine séparément,
au bout d'un certain temps, chacun des barreaux qui forment le
faisceau magnétique, on trouve que l'aimantation primitive a diminué, surtout pour ceux qui occupent le centre. Il pourrait même
arriver, si le faisceau était formé de lames nombreuses et minces,
que quelques-unes des lames intermédiaires eussent leurs pôles
changés de sens. Ces phénomènes sont attribués à une action réciproque des pôles de même nom. On en diminue l'effet, en donnant

Fig. 152.

des longueurs différentes aux barreaux constitutifs du faisceau, de
manière que les plus longs soient situés au centre (fig. 152).

On dispose ordinairement sur les aimants des plaques de fer
doux, qui portent le nom d'armatures. Ces plaques devenant des
aimants, réagissent à leur tour sur les barreaux aimantés, et conservent ou accroissent même l'intensité magnétique. Ainsi., par
exemple, si on suspend à un aimant en fer à cheval une armature
en fer portant un plateau, on pourra chaque jour ajouter un poids
nouveau, et augmenter ainsi progressivement la force de l'aimant.
C'est ce que l'on appelle *nourrir l'aimant*. Si le plateau vient à
se détacher, l'aimant reprend sa force primitive, supposée correspondante au point de saturation.   .

226. Le fer, l'acier, le nickel et le cobalt ont été considérés,
pendant longtemps, comme les seules substances dans lesquelles
on puisse développer les phénomènes magnétiques. On a indiqué
quelquefois le chrome et le manganèse comme possédant la même
propriété, du moins au-dessous de certaines limites de température;
mais les expériences sur ce point étaient incertaines. On sait
aujourd'hui, par suite des découvertes et des recherches de Fara-
day, que tous les corps sont sensibles à l'action de l'aimant. Ainsi,
par exemple, si, entre les pôles d'un électro-aimant extrêmement
puissant, on suspend des cylindres formés avec toutes sortes de
substances, on reconnaîtra qu'ils seront tous dirigés; seulement
quelques-uns se placeront dans le plan qui contient les pôles, les
autres perpendiculairement. Les premiers appartiennent aux substances *magnétiques*, les autres aux substances *diamagnétiques*.
On reconnaît ainsi un phénomène nouveau, tout à fait en dehors
de ceux que nous avons étudiés. Il est devenu le point de départ
d'un chapitre important de la physique, mais dont nous n'avons
pas à nous occuper ici.

FIN.

www.ingramcontent.com/pod-product-compliance
Lightning Source LLC
Chambersburg PA
CBHW071656200326
41519CB00012BA/2528